# 青少年
## 应知的高新技术常识

沙金泰／编著

吉林出版集团有限责任公司

**图书在版编目(CIP)数据**

青少年应知的高新技术常识/沙金泰编著. —长春:吉林出版
集团有限责任公司,2015.12(2021.5重印)
(青少年科普丛书)
ISBN 978-7-5534-9394-7-01

Ⅰ.①青　　Ⅱ.①沙　　Ⅲ.①高技术—青少年读物
Ⅳ.①N49

中国版本图书馆CIP数据核字(2015)第285220号

# 青少年应知的高新技术常识
QINGSHAONIAN YINGZHI DE GAOXIN JISHU CHANGSHI

作　　者/沙金泰

责任编辑/马　刚

开　　本/710mm×1000mm　1/16

印　　张/10

字　　数/150千字

版　　次/2015年12月第1版

印　　次/2021年5月第2次

出　　版/吉林出版集团股份有限公司（长春市净月区福祉大路5788号龙腾国际A座）

发　　行/吉林音像出版社有限责任公司

地　　址/长春市净月区福祉大路5788号龙腾国际A座13楼　邮编：130117

印　　刷/三河市华晨印务有限公司

ISBN 978-7-5534-9394-7-01　　定价/39.80元

# C 目录

# C 目录
ONTENTS

# 高新技术的基础
## ——电脑技术

电脑是现代社会最有价值的工具之一，电脑科学技术现在已深入到社会的政治、经济、军事、文化、科技以及人类工作、学习与生活的各个方面。它的出现极大地推动了人类社会的发展。电脑的发展水平，已经成为衡量一个国家现代文明的重要标志。

世界上第一台电脑于1946年问世，它是宾夕法尼亚大学研制的。当时正处在第二次世界大战期间，为了解决许多复杂的弹道计算问题，在美国陆军部的资助下这项研究工作开始了。这台电脑于1945年底完成，1946年正式交付使用。这台机器被命名为ENIAC（Electronic Numerical Integrator And Computer——电子数字积分计算机），因为它是最早问世的一台电脑，所以一般认为它是现代电脑的始祖。

由于这台机器具有计算、模拟、分析问题、操纵机器、

现代电脑始祖ENIAC

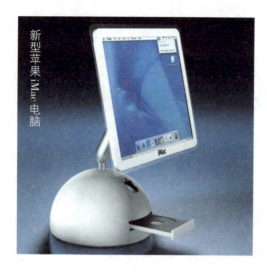

新型苹果 iMac 电脑

处理问题等能力，被看做是人类大脑的延伸，是一种有"思维"能力的机器，尤其是微型机又具有体积小重量轻的特点，可作为各种系统、设备的控制中枢，所以常被人们俗称为"电脑"。

人们通常所说的电脑硬件是指构成电脑的所有物理部件的集合。这些部件是"看得见、摸得着"的"硬"设备，故称之为"硬件"。

一般情况下，数字电脑由控制器、运算器、存储器、输入设备和输出设备五大部分构成。控制器是电脑的控制中枢，发布各种操作命令和控制信息，控制各部件协调工作；运算器是对信息或数据进行处理和运算的部件，经常进行的运算是算术运算和逻辑运算；存储器用来存储程序和数据，是电脑各种信息的存储和交流的中心；输入设备用于输入原始数据和程序等信息。常用的输入设备有键盘、鼠标、光电输入机等；输出设备用于输出计算结果和各种有用信息。常用的输出设备有显示器、打印机、绘图仪等。

软件是相对于硬件而言的，电脑软件指各类程序和文档资料的总和。电脑硬件系统又称为"裸机"，电脑只有硬件是不能工作的，必须配置软件才能够使用。软件的完善和丰富程度，在很大程度上决定了电脑硬件系统能否充分发挥其应有的作用。

电脑的应用非常广泛，已经深入到生产、科研、生活、管理等各个领域。科学计算一直是电脑的重要应用领域之一，例如在天文学、空气动力学、核物理学等领域中，都需要依靠电脑进行复杂的运算。在军事上，导弹的发射及飞行轨道的计算控制、先进防空系统等现代化军事设施通常都是由电脑控制的大系统，其中包括雷达、地面设施、海上装备等。现代的航空、航天技术发展，例如超音速飞行器的设计，人造卫星与运载火箭轨道计算更是离不开电脑。过去人工需几个月、几年的时间，甚至根本无法计算的问题，使用电脑只需几天、几小时甚至几分钟。

除了国防及尖端科学技术以外，电脑在其他学科和工程设计方面，诸如数学、力学、晶体结构分析、石油勘探、桥梁设计、建筑、土木工程设计等领域内也得到广泛的应用，并促进了各门科学技术的发展。

利用电脑对数据进行分析加工的过程就是数据处理的过程。当前大部分电脑都用于数据处理。银行系统、财会系统、档案管理系统、经营管理系统等管理系统及文字处理、办公自动化等方面都大量使用电脑进行数据处理。如现代企业的生产计划、统计报表、成本核算、销售分析、市场预测、利润预估、采购订货、库存管理、工资管理等，都通过电脑来实现。电脑的应用程度，已经是衡量一个部门和领域现代化管理水平的重要方面。

　　在现代化工厂里，电脑普遍用于生产过程的自动控制。例如在化工厂中用电脑来控制配料、温度、阀门的开关等；在炼钢车间用电脑控制加料、炉温、冶炼时间等;程控机床的精确制造;产品加工的自动工艺过程等。采用电脑控制过程，可大大提高自动化水平，提高产品质量，提高劳动生产率，降低成本，提高经济效益。在生活中用电脑控制的电冰箱、电视机、空调、洗衣机也给现代生活带来了极大的方便

　　电脑还可以进行辅助设计和辅助制造。由于电脑有快速的数值计算、较强的数据处理及模拟的能力，因而目前在飞机、船舶、光学仪器、超大规模集成电路等设计制造过程中占据着越来越重要的地位。使用已有的电脑辅助设计新的电脑，达到设计自动化或半自动化程度，可减轻人的劳动强度，并提高设计质量。电脑除了可以进行辅助设计、辅助制造外，还可以用于进行辅助测试、辅助工艺、辅助教学等。

　　信息通信电脑网络是电脑在通信方面的重要应用，它是电脑和通信技术结合的产物。通过全球电脑网络，可实现全球性情报检索、信息查询、

电子商务、电子邮件等。企业网、城域网、校园网改变着人们的管理经营方式。银行系统可通过全国性网络实现联机取、存款业务；民航、铁路系统可通过全国性网络实现异地订、售票业务；旅游系统可通过网络进行客房预订等业务。

## 相关链接

　　和互联网有关的科幻作品，最广为人知的莫过于《黑客帝国》。这部作品的前身是美国"塞伯朋克"派的科幻小说，早在20世纪的80年代就已经出现。也就是说，人类自由地穿梭于互联网、黑客干扰人类的正常生活、电脑病毒泛滥给世界带来灾难……这样的科学想象，早在20多年前甚至更早就已经出现。虽然《黑客帝国》中电脑程序成为生物、毁灭人类世界的幻想并没有变成现实，人们也无从预测，人工智能是否真的会

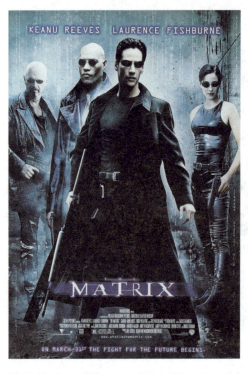

高于人类智能，互联网的飞速发展最终将给人类带来什么，但是，互联网却成为现代生活中无法摆脱的一部分，深入到了每个人生活的细微之处——已经很难想象，没有网络的世界将会是什么样的世界。

在过去的十年里，互联网的发展和普及可以说是日新月异：90年代中期，网络游戏只是电脑高手和网络精英的专利，对于普通大众来说，网络还只是看不见也摸不着的概念，但是，仅仅数年之后，网游就蔓延到全世界，并被一部分人视为"公害"。

世纪之交，最引起世界关注的事情就是网络大潮席卷全球——那个时候，一个刚从学校毕业、初出茅庐的年轻人，只要他精通电脑与网络，就可以凭着几页薄薄的创业计划书从风险投资商那里拉到几百万上千万的投资，世界网民的数量从此呈几何级数增长。但是，两三年后，互联网的冬天迅速到来，网络经济泡沫迅速破裂，大量的网络公司倒闭。不过，这并没有影响互联网在大众当中的普及，21世纪初，几乎所有的人都在学习如何上网、如何发电子邮件，许多爱钻研的网友甚至开始自建主页、网站——网络开始深入到千家万户。特别是近两年来，博客、播客快速兴起，3G手机的浪潮也呼之欲出。网络，已经渗透到人们生活的方方面面。

# 信 息 技 术

## ——IT

信息技术（Information Technology）简称IT，指人类开发和利用信息资源的所有手段的总和。也可以说，信息技术是指获取、传递、处理和利用信息的技术。

最近半个世纪，是有史以来科学技术发展最迅速的阶段，各种高新技术层出不穷，其中最为突出的就是信息技术，而且已经成为当代新技术革命最活跃的领域。信息技术是一门综合性非常高的新技术，它是所有高新技术的基础和核心，对其他高新技术的发展起着先导作用。一般地讲，其他技术是作用于能源和物质，而信息技术则是改变了人们对空间、时间和知识的认识和理解。信息技术的普遍应用将会充分的挖掘人类的智力，使物质和能源更

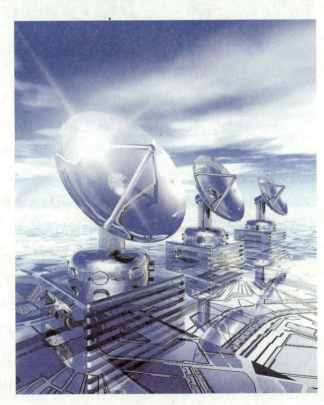

有效地被人们所利用，起到催化和倍增的作用。

20世纪中叶，由于生产社会化程度空前提高，人类在信息处理方面也进入了一个全新的阶段，我们可以称之为信息处理的电子时代。所谓现代信息技术，就是指在这十年内迅速发展起来并且迅速普及的一系列技术，正是这些技术构成了现代信息处理的基础。

现代信息技术的核心是微电子技术、电脑技术和现代通信技术。作为信息处理的设备——电脑，无论在信息量的存储方面，还是在信息处理加工速度方面都有长足的发展。电脑的价格大幅度下降，性能大幅度提高，这些都为电脑广泛应用于信息处理提供了可能。现代通信技术主要包括数字通信、卫星通信、微波通信、光纤通信等。通信技术的普及应用，是现代社会的一个显著标志。通信技术的迅速发展大大加快了信息传递的速度，使地球上任何地点之间的信息传递速度缩短到几分钟之内甚至更短，加上价格的大幅度下降，通信能力的大大加强，多种信息媒体如数字、声

音、图形、图像的传输，使社会生活
发生了极其深刻的变化。

　　信息技术的广泛应用改变了人们
的社会生活环境，也改变了人的生活
方式、行为方式和社会互动关系。随
着网络技术的广泛应用，人们不但可
以通过连接在网络上的家用电脑随时
使用世界各地的丰富信息资源，还可
以积极地参与网络信息资源的生产。
而且，电脑多媒体技术创造出的"虚
拟现实"环境，以其形象逼真的效果
反映客观真实世界，使网络传播的内
容更具社会渗透力。以国际互联网为
代表的网络技术的出现，不仅拓宽了
人们认识世界的视野，增加了人们了

解世界的机会，而且对人的社会化方向、内容产生了深远影响。

　　当今世界正在向信息时代迈进，信息已经成为社会、经济发展的"血
液"、"润滑剂"；现代信息技术广泛地渗透并改变着人们的生活、学习和
工作；信息产业正逐步成为全球最大的产业。在这股席卷全球的信息化浪
潮的冲击下，城市规划、城市建设、城市管理、城市的传统形态与功能等
城市发展的诸多方面也无一例外地受到了现代信息技术的强大影响，城市
正面临着新的发展契机。

　　"智能城市"是信息技术为现代社会带来的最重要影响之一，是一种
不同于以往任何时代的城市空间结构的重组，它以地球信息科学、人居环
境科学、区域可持续发展为理论与方法基础，以体现城市规划。信息技术
使城市的产业结构发生了巨大变化。这主要体现在：在现代信息技术基础
上产生了一大批以往所没有的新兴产业；信息技术通过对传统产业的改

造，使传统产业明显带有信息化的痕迹，从而获得新生。可以说，现代社会的产业结构已经向信息经济模式转变。

随着信息技术的迅猛发展，人类社会正逐步从工业化社会向信息化社会迈进。为迎接挑战，各国正在规划和实施适应信息时代的全国性、乃至全球性高速信息公路。世界上几乎所有发达国家都已相继建成了国家级的电脑网络。这是一场跨越时空的新的信息网络革命，它将比历史上的任何一次技术革命对社会、经济、政治、文化等带来的冲击更为巨大，它将改变人们的生产方式、生活方式以及工作和学习方式。随着电脑网络的发展，也带来了许多政治、法律、伦理道德和社会问题，如信息泛滥、信息污染、信息犯罪等等。研究探讨信息技术发展所带来的伦理道德问题，已经成为国内外各界人士普遍重视的前沿性课题。

相关链接

## IT历史上最具意义的25个事件

2008年，权威部门总结出了IT发展至今几十年来，发生的最具历史意义的25个事件，以示纪念。

### 1.1986年9月9日：康柏模仿IBM而胜出

个人电脑产业刚兴起时，号称蓝色巨人的IBM几乎没有遇到来自其他厂商的挑战。然而当英特尔骤然把它的处理器从16位升级到32位时，康柏让这位巨人大吃一惊。这一标准一直沿用至今，并一直占据主导地位。它在当时的市场上提供了一款价格具有相当竞争力的电脑，售价6 499美元，配置了英特尔最新的386芯片。突然之间，IBM无法再为PC行业设定

发展节奏与制定价
格标准了。

**2.1989年8月1日：微软推出Office办公软件**

微软小试牛刀，首次推出零售价500美元的苹果电脑套装软件，它

包括了三款当时已非常流行的程序(Word，Excel，Power Point)。Windows
版的此套件在一年后上市，许多专家都认为Office办公软件，而不是
Windows操作系统，才是微软最为赚钱的产品。

**3.1990年2月19日：台式电脑取代胶片暗室**

托马斯·诺尔写了一篇论数字图像处理的博士论文，却因为他的图像
处理软件无法呈现论文中提到的"灰阶度"而备感苦恼。他不得已写了个
小程序来模拟这一效果。他任职于工业光魔公司的兄弟约翰鼓励他把这个
小程序制作成了一个软件，兄弟二人还为这个软件取名为"图像专家"
(Image Pro)。不过当时的硅谷显然对此并不感兴趣，直到约翰把它展示给
Adobe公司。从那一刻起，这个被重新包装命名的软件就一直与数码图像
关系密不可分，人们甚至把它作为一个动词来使用，比如经常这样说：
"我要PS掉这颗痣"。

**4.1990年5月22日：Windows升级至3.0**

最初发行的几版Windows操作系统都没能吸引太多注意，但Windows
3.0增加了虚拟内存、内存保护等新特性，开始让个人电脑具有多项任务并

行处理能力。微软卖出了大约 1 000 万份 Windows 3.0，从此奠定了自己统领个人电脑操作系统的地位。

## 5.1991 年 5 月 24 日：互联网迈向商业化

对于美国国家科学基金会将互联网开放用于商业应用这一决定，曾有批评人士将此喻为"把联邦公园变成菜市场"。最开始的一段时间里，商业应用只意味着企业之间电子邮件的互相往来。但是很快的，一个叫杰夫·贝佐斯的企业家创办了 Cadabra，它就是亚马逊网上书店的前身，后者于 1995 年开始正式投入运营。如今，亚马逊每年都要处理来自全球超过 10 亿美元的订单，销售数百万种五花八门的商品。这个网上巨人还在不断增长中，据估计，网上购物业每年有大约 1 000 亿美元的市场。

亚马逊每年都要处理来自全球超过 10 亿美元的订单，销售数百万种五花八门的商品。

## 6.1991 年 10 月 5 日：Linus 发布 Linux

在 1981—1991 年间，MS-DOS 操作系统一直是电脑操作系统的主宰。

此时计算机硬件价格虽然逐年下降，但软件价格仍然居高不下。Linus是赫尔辛基大学计算机科学系的二年级学生，从1991年4月起，他通过修改终端仿真程序和硬件驱动程序，开始编制自己的操作系统。1991年10月5日，Linus发布消息，正式向外宣布Linux内核系统的诞生。

### 7. 1993年12月8日：Mosaic浏览器登上《纽约时报》

"轻点鼠标：就能看到一段NASA(美国航空航天局)卫星拍摄于太平洋上空的气象视频。"《纽约时报》在一篇报道中如此写道。"再点一下，一张小小的数字照片能告诉你，远在英格兰的剑桥大学电脑科学实验室里，某个咖啡壶是满的还是空的。"这篇文章让Mosaic，这一最早的网络浏览器进入寻常百姓家。

### 8. 1994年4月12日：垃圾邮件崭露头角

夫妻律师二人组Laurence Caner和Martha Siegel在网络上为他们自己的法律服务做起了广告。这项服务有个响亮的标题——"拿绿卡的好运，谁是下一个？"夫妻俩把这条广告发到了大约6 000个Usenet（最悠久的网络之一，任何用户都能自由发布信息的地方）讨论组里。因此而愤怒的程序员编写了一个叫做Cancelbot的程序运行在Usenet上，用于寻找这条广告的出处，并使得Usenet的访问速度大大下降。不知悔改的夫妇俩则宣称，通过这则近乎免费的广告，他们一共获得了1 000个新客户以及10万美元的收入。

### 9. 1995年8月24日：微软推出Win 95

Windows 95摒弃了其前几任操作系统对于DOS的依赖，增加了多项任务和保护模式32位程序应用支持，并增加了一个"开始"按钮，用户通过它可以启动任何程序。微软花了300万美元用于Win 95的广告推广，电视广告中播放着滚石乐队的签约广告歌曲"Start Me Up"，并让帝国大厦闪

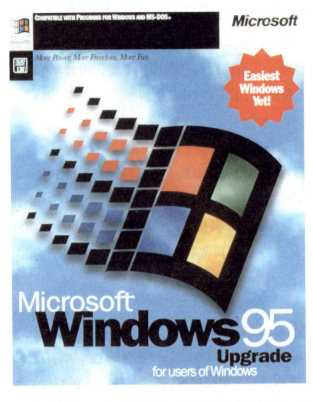

耀着 Windows 95 徽标上的颜色。

### 10.1995 年 9 月 4 日：eBay 的第一笔拍卖生意

据说，eBay 的创始人 Pierre Omidvar 创办网站是为了帮他的未婚妻销售处方药。但当时叫做 Auction Web 的这个小网站上，所销售出的第一件拍卖品是一个破损的激光打印机，中标价为 14.83 美元。Omidvar 想将这个网站叫做 Echo Bay("这听上去挺酷")，不过最后他把网站名字定为 eBay。现在，eBay 所支撑的经济活动，甚至比许多国家举国上下的经济活动还要庞大。

### 11.1998 年 3 月：Palm 试航 PDA

Palm 能容纳多达 750 个联系人与地址簿、一整年的约会记录、100 项待办事件或者备忘，却只有口袋大小，而且还可以与 PC 或者 iMac 电脑同步。Palm 的 Pilot 1 000 当时售价为 299 美元，有 128K 大小的内存容量，装有手写识别软件。

### 12.1996 年 10 月 30 日：AOL 提供包月上网服务

拨号上网用户们一直以小时计时交纳上网费用，并因此时刻留意着时间。AOL不顾争议推出每月只需20美元即可无限时上网的服务，立即使得该公司的网络设备负载过大。然而3年后，AOL拥有了1 000万个用户，包月上网制也成了行业准则。为了避免网络拥挤，AOL的用户们只要不断开网络连接就行，而他们也由此意外地发现了永远在线的好处。

### 13.1997年7月9日：史蒂夫·乔布斯：从流放中归来

在被排挤出自己一手创办的公司达十年之久后，史蒂夫·乔布斯终于又说服苹果电脑收购他创办的另一家公司NeXT，苹果电脑也由此获得其OS X操作系统的根基。在数次会议讨论后，乔布斯重归苹果重新任职CEO，并在不长的时间里，先中止了失败的Newton便携设备项目，又秘密研发了半透明蓝色的iMac，接着说服比尔·盖茨继续开发Internet Explorer和Microsoft Office的Mac版本，然后收购了一系列专业多媒体应用软件如

史蒂夫·乔布斯

Final Cut 等。通过这一系列举措，乔布斯挽救了苹果公司的命运，使其再次辉煌。

### 14.1998年10月28日：版权保卫战

由世界知识产权组织起草的《数字千年版权法》，或许是网民眼中最不受欢迎的一部法规，1998年10月28日美国前总统克林顿授权这部法规开始实施。该法涉及网上作品的临时复制、网络上文件的传输、数字出版发行、作品合理使用范围的重新定义、数据库的保护等，规定网络著作权保护期为70年，未经允许在网上下载音乐、电影、游戏、软件等为非法。

### 15.1999年1月19日：黑莓的神话

黑莓（Black Berry）是加拿大 RIM 公司推出的一种移动电子邮件系统终端，其特色是支持推动式电子邮件、手提电话、文字短信、互联网传真、网页浏览及其他无线资讯服务。只需花上399美元，再加上数据服务的费用，这个设备就成了商务应用利器。在一段时间里，这套装备一直是青少年追逐的科技趋势。随着其型号在这些年一直不断地演变，黑莓仍然是当今世界上最畅销的智能手机——对于科技品牌来说，这像是一段神话与史诗。

黑莓手机

### 16.1999年3月29日：梅丽莎病毒燃起燎原野火

一个携带 Word 病毒的文件出现在网络上，宣称自己含有大量色情网站的登录密码——这就是梅丽莎病毒。它还通过被感染电脑的Outlook地址簿，自动把其自身发送给电脑主人的前50个联系人，使得许多邮件服务器不堪重负，并导致美国经济损失估计高达8 000万美元。梅丽莎病毒的作者被判监禁20个月，此举显然并未能对其他病毒作者起到任何警示作用，他们仍在大量编写病毒程序。

### 17.1999年3月31日：TiVo改变电视

TiVo是一种数字录像设备，它能帮助人们非常方便地录下和筛选电视上播放过的节目，让录像变得非常简单，只要根据节目菜单设定录影计划，就可以从硬盘上随时回放节目。由于TiVo具备了自动暂停和跳过功能，使用者还可以轻松地跳过电视台插播的广告。

TiVo

### 18.2000年1月1日：千年虫的一场虚惊

这一天什么也没发生——部分原因是许多公司花费了上千亿美元用于修复软件防止出差错。包括之前人们最添油加醋的那些千年危机预言——核电站熔毁、监狱门庭大开、电网悉数毁坏——都只是焦虑、无知的人们臆想出来的。

### 19.2000年4月3日：联邦法院裁决微软垄断

美国政府指控微软利用其在电脑操作系统的垄断性统治地位，通过在其 Windows 操作系统内集成 Internet Explorer 浏览器，意图控制网络浏览器市场。联邦地方法院法官 Thomas Penfield Jackson 的裁决签发于这一天，责令微软分离重组为两家业务公司——微软通过再次上诉推翻了这一裁决。但这场旷日持久的诉讼战让微软变成一个更为友好和温和的竞争者，或者至少是它变得非常谨慎了。

### 20.2000年6月26日：Napster被迫转型

Napster 是一款可以在网络中下载自己想要的 MP3 文件的软件名称，它还同时能够让自己的机器也成为一台服务器，为其他用户提供下载。法官 Marilyn Patel 在 2000 年 6 月 26 日就 Napster 被诉侵权一案做出裁决，这项颇为流行的音乐服务必须于两天内关闭。一时间网络上掀起轩然大波。Napster 的用户们都在向娱乐行业传达同一个信息：不行方便，毋宁死。Napster 随后以同一品牌名称重生转型，提供有偿音乐服务，但"to Napster"的含义一直未变，仍然意味着通过数字盗版行为侵害商业利益。

### 21.2001年7月9日：Webvan清场

时尚的送货车队与巨大的仓库，这一切都让 Webvan——一家在线零售商成为网络大潮中臃肿而迟早注定关门的企业里的典型。Webvan 寄予重望的在线订单暴涨的情形没能出现，这家公司也在这一天宣告破产。从中能得到的教训是：人们或许会在网上购买图书和 CD，但他们更愿意自己去市场购买生菜，以省下送货费用。

### 22.2001年10月1日：iPod与音乐

在这一天，外观光滑，能容纳下100张专辑的苹果新时尚 iPod 正式上市。便携音乐播放器从此不再是一件装饰品，而是一种生活方式的符号，引领着数字音乐新时代的到来。

### 23.2004 年 11 月 9 日：Fire fox 掀起第二次浏览器大战

针对微软反垄断一案的裁决并没有把 IE 浏览器打败，反倒是无休止的病毒、恶意软件和漏洞让用户时刻准备甩掉 Internet Explorer。但

iPod 是苹果公司推出的一种具有大容量 MP3 播放器，有高达 10～160GB 的容量，可存放 2 500—10 000 首 MP3 歌曲，设计外观也独具创意。

是直到 2004 年中期，Mozilla 基金会旗下的开源软件在经过漫长的 6 年开发后，也没有发布一个 1.0 版，否则当时市场上也不至于没有一款能与 IE 相抗衡的浏览器。所以一小部分反叛者把 Mozilla 的浏览器改头换面一下，推出了一款轻量级的浏览器，它致力于更有效和更安全的网络冲浪体验，它就是 Fire fox，在 2004 年 11 月 19 日这一天向公众发布，其他的一切，都将由历史来述说。

### 24.2006 年 4 月 6 日：YouTube 把电脑变成电视

在这一天，一个默默无闻的喜剧演员 Judson Laipply 在 YouTube 上传了一段舞台表演视频——"舞蹈的进化"，在这段视频中他模仿了各种各样的流行时尚舞蹈。这个视频剪辑自上传后一共被观看了 7 000 万次，充分展现了访问 YouTube 的便捷性，以及它前所未有的构建巨大视频网络的能

Fire fox 浏览器

力，只要有网络接入，人人皆可访问，随时皆可访问它。YouTube 是设立在美国的一个视频分享网站，它是一个可供网民下载观看及分享视频短片的网站，至今已成为同类型网站的翘楚，并造就多位网上名人和激发网上创作。

### 25.2007年6月29日：iPhone朝圣者的光荣日

尽管 iPhone 预先的大肆宣传有些可笑，但排在队伍中的人们并不抱怨什么。iPhone 的影响力已经远远超过购买它的 200 万用户，它的成功，使人们可以期待将来看到更多装备精良的手机——触摸屏，更少的按键，和更像电脑的应用程序。

# 微型传感器
## ——智能微尘

　　智能微尘（smart dust）是指具有电脑功能的一种超微型传感器，它可以探测周围诸多的环境参数，能够收集大量数据，进行适当计算处理，然后利用无线通信装置，将这些信息在微尘器件间往来传送。

　　近年来，由于硅片技术和生产工艺的突飞猛进，集成有传感器、计算电路、双向无线通信技术和供电模块的微尘器件的体积已经缩小到了沙粒般大小，但它却包含了从信息收集、信息处理到信息发送所必需的全部部件，未来的智能微尘甚至可以悬浮在空中几个小时，搜集、处理、发射信

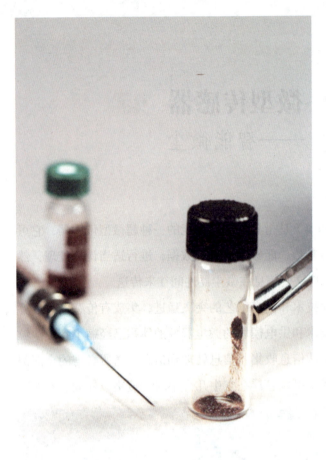

息。而且，它仅依靠微型电池就能工作多年。

智能微尘的应用范围很广，除了主要应用于军事领域外，还可用于健康监控、环境监控、医疗等许多方面。但这一领域目前仍存在一些技术瓶颈，限制了其向市场产品的广泛转化。

智能微尘系统可以部署在战场上，远程传感器芯片能够跟踪敌人的军事行动。智能微尘可以被大量地装在宣传品、子弹或炮弹壳中，在目标地点撒落下去，形成严密的监视网络，敌国的军事力量和人员、物资的运动自然清晰可见。

美国希望在战场上放置这种微小的无线传感器，以秘密监视敌军的行踪。美国国防部已经把它列为一个重点研发项目。如果像预想的那样，智能微尘用在战场上，美国的军事实力又将与其他国家再度拉开距离。智能微尘还可以用于防止生化攻击——智能微尘可以通过分析空气中的化学成分来预告生化攻击的到来。

在生活中，通过智能微尘装置，可以定期检测人体内的葡萄糖水平、脉搏或含氧饱和度，将信息反馈给本人或医生，用它来监控病人或老年人的生活。科学家设想，将来老年人或病人生活的房间里，将会布满各种智能微尘监控器，如嵌在手镯内的传感器会实时发送老人或病人的血压情况，地毯下的压力传感器将显示老人的行动及体重变化，门框上的传感器会了解老人在各房间之间走动的情况，衣服里的传感器会发送出人体体温的变化，甚至于抽水马桶里的传感器可以及时分析排泄物并显示出问题……这样，老人或病人即使单独一个人在家也是安全的。

英特尔公司正在研究通过检测压力来预测初期溃疡的"Smart Socks"，以及通过检测伤口化脓情况来确定有效抗生物质的"智能绷带"。一个胃不好的病人吞下一颗米粒大小的小金属块，就可以在电脑中看到自己胃肠中病情发展的状况，对任何一个胃病患者来说，这无疑都是一个福音。智能微尘将来还可以植入人体内，为糖尿病患者监控血糖含量的变化。届时，糖尿病人可能需要看着电脑屏幕上显示的血糖指数，才能决定适合自己的食物。

智能微尘还可用于发生森林火灾时，通过从直升飞机上的温度传感器来了解火灾情况。此外，智能微尘还可以进行大面积、长距离的无人监控。由于输油管道许多地方都要穿越大片荒无人烟的无人区，这些地方的管道监控一直都是难题。传统的人力巡查几乎是不可能的事，而现有的监控产品，往往复杂且昂贵。智能微尘的成熟产品布置在管道上，将可以实时地监控管道的情况，一旦有破损或恶意破坏，人们都能在控制中心实时了解到。

智能微尘在拥挤的闹市区，可用作交通流量监测器；在家庭可监测各种家电的用电情况以避开高峰期；还可通过感应工业设备的非正常振动，来确定制造工艺缺陷，智能微尘技术潜在的应用价值非常之大。随着微尘器件的价格大幅下降，今天智能微尘将具有更加广阔的市场前景。

# 全球定位系统

## ——GPS

GPS 是导航卫星测时与测距全球定位系统（Navigation Satellite Timing And Ranging Global Position System）的缩写，是一种结合卫星及通讯发展的技术。它是美国从本世纪 70 年代开始研制，历时 20 余年，耗资 300 亿美元，于 1994 年 3 月全面建成的具有海陆空全方位实时三维导航与定位能力的新一代卫星导航与定位系

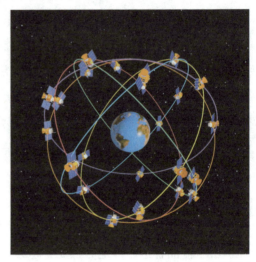

GPS卫星网

统。GPS包括绕地球运行的24颗卫星，它们均匀地分布在6个轨道上，每颗卫星能连续发射一定频率的无线电信号。只要持有便携式信号接收仪，则无论身处陆地、海上还是空中，都能收到卫星发出的特定信号。接收仪中的电脑对接收到卫星发出的信号进行分析，就能确定接收仪持有者的位置。

美国最初开发GPS的主要目的是为美军提供实时、全天候和全球性的导航服务，并用于情报收集、核爆监测和应急通讯等一些军事目的。在1991年的海湾战争中，美军就曾利用这一技术在沙漠中部署军队。

最初的GPS计划方案是将24颗卫星放置在三个轨道上。每个轨道上有

8颗卫星。但由于预算压缩，GPS计划不得不减少卫星发射数量，改为将18颗卫星分布在6个轨道上。然而这一方案使得卫星可靠性失去了保障。1988年美国进行了最后一次修改，使用21颗工作星和3颗备份卫星工作在6条轨道上。从1978年到1984年，美国陆续发射了11颗试验卫星，并研制了各种用途的接收机，实验表明，GPS定位精度远远超过设计标准。1989年2月4日第一颗GPS工作卫星发射成功，至此宣告GPS系统进入工程建设状态。1993年底实用的GPS网即GPS星座已经建成，今后将根据计划更换失效的卫星。

由于GPS技术所具有的全天候、高精度和自动测量的特点，作为先进的测量手段和新的生产力，已经融入了国民经济建设、国防建设和社会发展的各个应用领域。成功地应用于土地测量、工程测量、航空摄影、运载

位于轨道中的GPS卫星

车载GPS导航系统

工具导航和管制、地壳运动测量、工程变形测量、资源勘察、地球动力学等多种学科。在人们的社会生活中，GPS的应用更加是无处不在。天文台、通信系统基站、电视台可用GPS精确定时；道路、桥梁、隧道的施工中大量的工程测量在使用GPS后将更加精确；有了GPS野外勘探，城区规划的测绘变得更加简单和准确；GPS在现代交通运输方面更加不可或缺，车辆的导航、调度、监控，船舶的远洋导航、港口和内河引水，飞机航线导航、进场着陆控制都由于GPS的应用而更加安全便捷。GPS使人们旅游及野外探险变得更加轻松，GPS甚至能用语音提醒人们转弯的方向以及目的地的路程；车辆安装了GPS定位防盗系统后将不再担心丢失，无论被盗车辆开到哪里，车内的GPS防盗系统都会发出信号向警方报告车辆位置，从而帮助警方抓住罪犯并追回被盗车辆。目前手机、PDA、PPC等通信移动设备都可以安装GPS模块，GPS的便携性使人们在日常生活中对GPS的应用更加得心应手，电子地图、城市导航让人们身在他乡却不会感到陌生，城市的建筑和街道都在掌握中。儿童及特殊人群的防走失系统则是

GPS更加重要的功能体现。

随着技术的进步，GPS接收设备的价格也直线下降。20世纪80年代末期，一些船队使用GPS的花费为数万美元；而1991年海湾战争期间手持的GPS接收仪价格就降到了1 000美元以下；如今GPS接收仪在美国的体育用品商店里就能买到，价格在100美元左右。随着技术的进步GPS的接收仪价格将更加低廉，更多的电子产品都将配有GPS导航功能，GPS走进千家万户指日可待。

正如人们所说的那样："GPS的应用，仅受人们的想象力制约。"GPS问世以来，已充分显示了其在导航、定位领域的霸主地位。许多领域也由于GPS的出现而产生革命性变化。目前，GPS技术已经发展成为多领域、多模式、多用途、多机型的国际性高新技术产业。

相关链接

## ❧ 为珠峰"量身高" ❧

珠穆朗玛峰作为世界最高峰，其海拔高度数据一直为世界各国关注。从1847年至今人们求证珠峰高度历经10次之多，展现了人类用生命与心血勇攀高峰，探索自然奥秘的奋斗过程。1975年，我国首次测定并发布了珠峰精确高度：8848.13米，在国际上得到广泛认可。由于技术手段的进步和珠峰地区强烈的地壳运动，重测珠峰高度还有其重要的科学意义。近10年来包括中国在内的测量科考队多次测量了珠峰高度，引起了地学界广泛的关注。

2005年3月，我国珠峰复测大型科考活动正式启动，历时2个多月艰苦卓绝的探测，5月22日第一批登顶队员11时8分成功登顶，珠峰峰顶测量成功进行。此后第二批队员冲击峰顶，同时继续进行数据采集及之后的复杂数据计算工作。为了得出更精确的权威数据，这次测量珠峰高度采用了经典测量与卫星GPS测量结合的技术方案，使测量的数据精确到毫米。登山测量队员还在离峰顶不远的裸露岩石上安装了一个珠峰GPS固定监测点，这将为今后研究珠峰高度的变化提供参照。

2007年3月12日在国务院新闻办公室举办的新闻发布会上，中国向世界宣布珠穆朗玛峰的高度为8844.43米！

# 商业新潮流
## ——电子商务

　　随着网络和相应技术的出现和发展，人们通过网络进行的沟通越来越多，因此通过网络进行商务活动也得到了广泛的发展，并进而产生了一个新名词——"电子商务"。

　　电子商务（Electronic Commerce）简称EC，通常是指在全球各地的商业贸易活动中，在网络开放的环境下，买卖双方不用谋面而进行各种商贸活动，实现消费者的网上购物、商户之间的网上交易和在线电子支付以及各种商务活动、交易活动、金融活动和相关的综合服务活动的一种新型的

商业运营模式。电子商务涵盖的范围很广，一般可分为企业对企业(Business to Business)，或企业对消费者(Business to Customer)两种。另外还有消费者对消费者（Customer to Customer）这种发展迅速的模式。

电子商务将传统的商务流程电子化、数字化，一方面以电子流通代替了实物流通，大量减少了人力、物力，降低了成本；另一方面突破了时间和空间的限制，使得交易活动可以在任何时间、任何地点进行，从而大大提高了效率。电子商务所具有的开放性和全球性的特点，也为企业创造了更多的商机。

电子商务的出现重新定义了传统的商品流通方式，减少了中间环节，使得生产者和消费者的直接交易成为可能。在破除了时空的壁垒的同时，电子商务还提供了丰富的信息资源，为各种社会经济要素的重新组合提供了更多的可能。

电子商务还使商家之间可以直接交流、谈判、签合同，消费者也可以把自己的反馈建议反映到企业或商家的网站，而企业或者商家则要根据消费者的反馈及时调查产品种类及服务品质，做到良性互动。

随着网络使用人数的增加，利用网络进行网络购物并以银行卡付款的消费方式已渐流行，电子商务网站也层出不穷。阿里巴巴、亚马逊、

eBay、淘宝等大型电子商务网络的出现，更使得电子商务成为流行时尚。

在飞速发展的同时，网络安全问题浮出水面并成为制约电子商务发展的重要因素。因为网络自身的特点，任何一个人都可以使用特定技术，看到在网上传输的信息，并可以替代和修改这些信息。另外，规范网络的法律法规不健全也是影响到电子商务的一个重要因素，确认网上的数字身份证明和数字契约的法律有效性是十分重要的。与此同时，还有其他一些因素，如商家和用户对网上电子商务方式的认同、网络普及的程度等都会影响电子商务的发展。

对电子商务的安全技术而言，其中包括加密技术、数字签名技术和认证技术等。加密技术是用来保护敏感信息的传输，保证信息的机密性；数字签名技术是用来保证信息传输过程中信息的完整和提供信息发送者的身份认证；认证技术是保证电子商务安全的重要技术之一。认证分为实体认证和信息认证：前者指对参与通信实体的身份认证；后者指对信息进行认证，已决定该信息的合法性。

电子商务是一种商业新潮流，在一定程度上改变着整个社会经济运行的方式，它的出现必将给人们生活带来种种便利。

## 相关链接

阿里巴巴（Alibaba.com）是全球企业间（Business to Business）电子商务最好的品牌之一，是目前全球最大网上交易市场和商务交流社区之一。

阿里巴巴成立于1998年末，总部设在杭州市区，并在海外设立美国硅谷、伦敦等分支。阿里巴巴是目前全球最大的网上贸易市场之一。良好的定位，稳固的构成，优秀的服务使阿里巴巴成为全球首家拥有220万商人的电子商务网站，成为全球商人网络推广的第一网站，被商人们评为"最受欢迎的企业间网站"。

杰出的成绩使阿里巴巴受到各界人士的关注。美国商务部、日本经济

阿里巴巴首席执行官马云

产业省、欧洲的中小企业联合会等政府和民间机构均向本地企业推荐阿里巴巴。

阿里巴巴创始人、首席执行官马云被著名的"世界经济论坛"选为"未来领袖"、被美国亚洲商业协会选为"商业领袖",是50年来第一位成为《福布斯》封面人物的中国企业家。阿里巴巴成立至今,全球十几种语言400家著名新闻传媒对阿里巴巴的追踪报道从未间断,被传媒界誉为"真正的世界级品牌"。日本最大的《日经》杂志高度评价阿里巴巴在电子商务领域的贡献:"阿里巴巴成为整个互联网世界的骄傲。"

在2003年非典爆发之际,电子商务价值突显,阿里巴巴更成为全球企业首选的商务平台,网站的各项指标持续高速发展,其中代表商务网站活跃程度和网站质量的重要指标——每日新增供求信息量比之前同期增长3至5倍。

全球著名检测权威网站Alexa.com,针对全世界电子商务网站进行排名调查,阿里巴巴网站位列第一。

# 全新电子管理
## ——电子政务

电子政务并不是狭隘的政府上网工程，其确切定义是利用互联网作为新的服务手段，来实现政府对居民和企业的直接服务。需要注意的是，政府机关内部的事务处理如：税收工作等等的电子化并不列入电子政务的范畴。当前，电子政务在很多领域都得到了广泛的应用。

### 政府信息门户

政府信息门户是电子政务系统框架的核心，通过政府信息门户这样一个集成的门户入口，使得用户可以随意地得到政府信息与服务。政府门户

网站作为政府对外宣传政治、经济和社会发展等各方面情况及服务市民、服务企业的窗口和桥梁，区别于其他商业性、事业性网站，并可体现出政府的现代化办公的形象。

### 电子公文交换系统

电子公文交换系统包括交换处理系统、交换数据库系统、公文收发管理系统、公文信息web系统、电子印章系统、CA认证系统、文档管理系统等。电子公文交换系统的建设目的，就是按照统一的标准，在不同的政府部门之间进行电子公文的传输，并保证公文在传递过程中的安全性和有效性。

### 协同办公系统

协同办公系统主要由个人办公、文档管理、行政办公、信息园地、人事信息、系统管理和帮助系统等子系统组成。该系统提供了一个协同的、集成的办公环境，使所有的办公人员都在同一个且个性化的信息门户中一起工作，这样就摆脱了时间和地域的限制，实现了协同工作与知识管理。

### 电子税务应用系统

税务信息化是政府信息化的重要组成部分。开展电子税务是各级政府电子政务的重要内容。它与整个社会的信息化，与其他宏观管理部门的信息化，与居民、企业的信息化密切相关。电子税务应用系统是传统税务工作的电子化、信息化、网络化。即指充分利用电脑网络应用等技术手段实现包括纳税申报、数据处理、税务登记、发票管理、查询违章记录、税收征管等整个业务流程的电子化、网络化、信息化。对纳税人和税务机关、人员的纳税和执法情况进行全方位的监控分析，同时辅助上级部门实施管理和决策的功能。

　　电子税务不仅大大提高了政府税收的有效性和效率，而且有效地提高了全社会的完税率。此外，电子税务还可以实现全社会最复杂的档案系统的建立，较之传统的政府税务行政工作，其优势是不言而喻的。

### 电子政务决策支持系统

　　实践经验表明，政府部门的决策越来越依赖于对数据的科学分析。因此，发展电子政务，建立决策支持系统，利用电子政务综合数据库中存储的大量数据，通过建立正确的决策体系和决策支持模型，可以为各级政府的决策提供科学的依据，从而提高各项政策制定的科学性和合理性，以达到提高政府办公效率、促进经济发展的目的。电子政务决策支持系统能够为政府机构内的每个领域的管理决策人员提供全面、准确、快速的决策信息。对政府的相关业务起到事前决策、事中控制、事后反馈的效果。

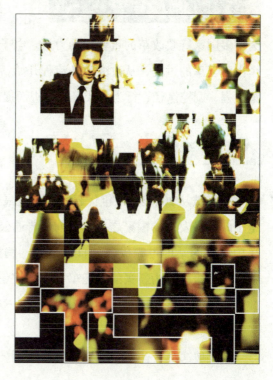

### 社区信息化系统

社区信息化系统是指运用各种信息技术和手段，在社区范围内为政府、居委会、居民和包括企业在内的各种中介组织和机构，搭建互动网络平台，建立沟通服务渠道，从而使管理更加高效，服务更加优质，最终使居民满意，进而不断提升居民的生活质量。

电子政务的实施，不但使信息技术与互联网在发挥政府职能和政府管理方面起到了更加积极的作用，而且使政府的行为方式发生了变化。当前，电子政务建设已开始成为许多国家行政改革的重要推动力量。电子政务推动的政府行政改革是一个由浅至深的过程，从改变政务流程开始，逐步改变政府的组织结构及决策过程、调控途径、行为方式等，并进而提高政府的行政能力。

## 相关链接

新加坡从20世纪80年代起就开始发展电子政务，现在已成为世界上电子政务最发达的国家之一。目前，普通公民在家里通过政府的"电子公民中心"网站即可完成各种日常事务，例如查询自己的社会保险账号余额、申请报税、为新买的摩托车上牌照、登记个人资料等。2000年新加坡政府借助互联网完成了第四次人口普查，普查的速度和效率都比以前大大提高。

新加坡这个只有数百万人口的小国，电子政务的发达程度举世瞩目。新加坡从1981年开始发展电子政务，如今已是成绩斐然。现在，甚至连美国宾夕法尼亚州和加拿大的一些省都以新加坡为样板来建设自身的电子政府。

在新加坡电子政务系统的"电子公民中心"中，医疗保健、商务、法律法规、交通、家庭、住房、招聘等信息和部门都应有尽有，一个新加坡公民可以在这里找到从出生到死亡需要的所有政府信息。

新加坡的电子政府系统完全是由国家控制，没有私人参与，现在新加坡已经为未来3年电子政府的维护预留了8.7亿美元资金。现在使用频率最高的个人所得税上税服务每年便可节约34.3万美元的办公费用，每处理一笔业务可节约费用1.54美元。

新加坡在推动政府信息化方面有许多成功经验。在过去20年中，新加坡计算机委员会实施了三项国家信息化技术计划，为政府信息化奠定了良好的基础。

第一项国家信息化技术计划：1981—1985年，实施公务员电脑化计划，为各级公务员普遍配备电脑，进行信息技术培训，并在各个政府机构发展了250多套电脑管理信息系统，推进政府机构办公自动化。

第二项国家信息化技术计划：1986—1991年，实施国家信息技术计划，建成连接23个政府主要部门的计算机网络，实现了这些部门的数据共享，并在政府和企业之间开展电子数据交换(EDI)。目前，新加坡是全球少数几个率先在对外贸易领域推行电子数据交换，实现无纸化贸易的国家之一。

第三项国家信息化技术计划：1992—1999年，在公务员办公电脑化和国家信息技术计划成功实施的基础上，制订并实施了其目标是"将新加坡建成智慧岛"的IT2000计划。1996年，新加坡宣布建设覆盖全国的高速宽带多媒体网络(Singapore one)，并于1998年投入全面运行。

Singapore one的开通，使新加坡处于数字时代的领先地位。Singapore one不仅对企业，而且也对普通百姓提供了高速、交互式多媒体网上信息服务。政府依托Singapore one对企业和社会公众实行一周7天、一天24小时的全天候服务。

# 忠实的助手
## ——机器人

　　人们想象中的机器人，往往具有人类的体貌特征，甚至会唱歌、跳舞、工作、读书。其实那只是机器人的狭义理解。机器人的完整意义应该是一种可以代替人进行某种工作的自动化设备。它可以是各种样子，并不一定长得像人，也不见得以人类的动作方式活动。

　　人们对机器人的幻想与追求已有3 000多年的历史。人类希望制造一种像人一样的机器，以便代替人类完成各种工作。机器人一词的出现和世界上第一台工业机器人的问世却是近几十年的事。

　　1920年，一名捷克作家写了一个剧本《罗素姆万能机器人》。剧本描

写了一个依赖机器人的社会。剧中有一个长得像人，而且动作也像人的机器人名叫罗伯特（robot，捷克语的意思是强迫劳动）。从此，"robot"以及相对应的中文"机器人"一词开始在全世界流行。

　　进入20世纪后，机器人的研究与开发得到了更多人的关注与支持，一些实用化的机器人相继问世，1927年美国西屋公司工程师温兹利制造了第一个机器人"电报箱"，并在纽约举行的世界博览会上展出。它是一个电动机器

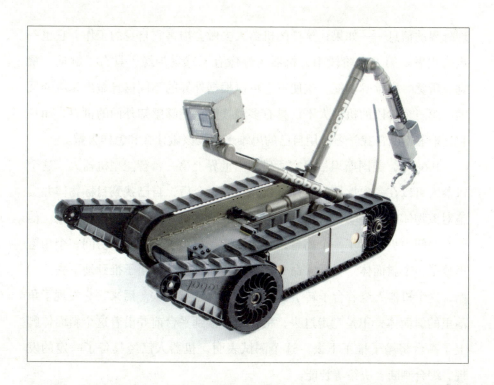

人，装有无线电发报机，可以回答一些问题，但该机器人还不能走动。

　　20世纪60年代前后，随着微电子学和电脑技术的迅速发展，自动化技术也取得了飞跃性的变化，普遍意义上的机器人开始出现了。1959年，美国英格伯格和德沃尔制造出世界上第一台工业机器人，取名"尤尼梅逊"，意为"万能自动"。尤尼梅逊的样子像一个坦克炮塔，炮塔上伸出一条大机械臂，大机械臂上又接着一条小机械臂，小机械臂再安装着一个操作器。这三部分都可以相对转动、伸缩，很像是人的手臂了。英格伯格和德沃尔认为汽车制造过程比较固定，适合用这样的机器人。于是，这台世界上第一个真正意义上的机器人，就应用在了汽车制造生产中。

　　经过近百年来的发展，机器人已经在很多领域中取得了巨大的应用成绩，其种类也不胜枚举，几乎各个高精尖端的技术领域都少不了它们的身影。在这期间，机器人的成长经历了三个阶段。第一个阶段中，机器人只能根据事先编好的程序来工作，这时它好像只有工作的手，不懂得如何处理外界的信息——如果让这样的机器人去做会损害它自身的工作，它也一定会去做。第二个阶段中，机器人好像有了感觉神经，具有了触觉、视觉、听觉、力觉等功能，这使得它可以根据外界的不同信息做出相应的反馈。第三个阶段的机器人不仅具有多种技能，能够感知外面的世界，而且它还能够不断自我学习，用自己的思维来决策该做什么和怎样去做。

1968年，美国斯坦福研究所研制出世界上第一台智能型机器人。这个机器人可以在一次性接受由计算机输出的指令后，自己找到目标物体并实施对该物体的某些动作。1969年，该研究所对机器人的智能进行测定。他们在房间中央放置了一个高台，在台上放一只箱子，同时在房间一个角落里放了一个斜面体。科学家命令机器人爬上高台并将箱子推到地下去。开始，这个机器人绕着台子转了20分钟，却无法登上去。后来，它发现了角落里的斜面体，于是它走过去，把斜面体推到平台前并沿着这个斜面体爬上了高台将箱子推了下去。这个测试表明，机器人已经具备了一定的发现、综合判断、决策等智能。

到了20世纪70年代，第二代机器人开始迅速发展并进入实用和普及的阶段，而第三代机器人在今天也已经得到了突飞猛进的变化。它能够独立判断和行动，具有记忆、推理和决策的能力，在自身发生故障时还可以自我诊断并修复。尽管如此，机器人的发展还是没有止境，人们希望它有更高的拟人化水平。

20世纪80年代，日本建立了首座无人工厂。工厂有1 010台带有视觉的机器人，它们与数控机床等配合，按照程序完成生产任务。1992年，日本研制出一台光敏微型机器人，体积不到3立方厘米，重

"勇气号"火星车

1.5克。1997年，日本的本田公司制造出高1.6米的"阿西莫"（ASIMO）机器人。这个机器人有三维视觉，头部能自如转动，双脚能躲开障碍物，能改变方向，在被推撞后可以自我平衡。该机器人由150位工程师历时11年，耗资8 000万美元研制而成，可以照料人和完成多种危险及艰苦工作。2004年1月，美国发射的"勇气"号和"机遇"号火星车先后成功登陆。火星车在火星表面行走、拍摄、钻探，化验，非常精彩地完成了自己的使命。

目前，科学家们正在研制更精密的小型机器人。随着纳米技术的成熟，分子级机器人的诞生指日可待。人们可以想象会有一种比尘埃还要小的机器人，漂在空气中，游进人体里，为人们服务。

相关链接

伦敦科学博物馆2008年推出了一款名为"机器人宝贝"的玩偶，它能

"看人脸色"及读懂人们的心情。

　　这款金属质地、长手长脚的玩偶内置了一个心脏搏动器，一个可呼吸的腹部，以及能对动作、声音及触摸做出感应的传感器。当你拥抱它时，它似乎是受宠若惊了，会情绪高涨，手脚变得酥软，同时它的眼睑会低垂，呼吸会随之舒缓，心跳也会放弱。但是如果你使劲摇它，或者冲着它的脸大喊，它就会心烦意乱。整个人都会变得畏手畏脚，拳头紧握，呼吸和心跳都会急剧加速，而且还会目瞪口圆做大怒表情。

　　据悉，这个"机器人宝贝"的玩偶是由来自布里斯托尔的西英格兰大学的科学家们设计，以期借此玩偶来探究机器和人类的情绪互动。这场互动"情绪机器人"展览的组织者 Holly Cave 称："它一半是机器人，一半是玩偶，但你转动它的胳膊，它的心里也是有感觉的，会流露出小情绪。"

机器人宝贝

# 人工智能
## ——AI

人工智能（Artificial Intelligence），英文缩写为AI，是指由人工制造出来的，并由电脑系统所表现出来的智能，是模拟和扩展人类智能的理论、技术及应用系统的一门新的技术科学。20世纪70年代以来与空间技术、能源技术并称为世界三大尖端技术，也被认为是21世纪三大尖端技术（基因工程、纳米科学、人工智能）之一。

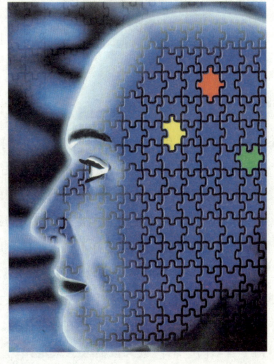

人工智能的传说可以追溯到古埃及，但随着20世纪以来电脑技术的飞速发展，人工智能已不再是传说，人们已最终可以创造出机器智能。人工智能一词最初是在1956年达特茅斯大学学会上提出的，从那以后，研究者们发展了众多理论和原理，人工智能的概念也随之扩展，科学对其的研究也开始快速发展。

从20世纪80年代开始，人工智能前进的脚步更为迅速，已经能够胜任一些通常需要人类智能才能完成的复杂工作。"专家系统"是人工智能

最活跃、最有成效的一个研究领域，它是一种具有特定领域内大量知识与经验的程序系统，能解决人类专家所解决的问题，而且能帮助人类专家发现推理过程中出现的差错。在人工智能被引入了市场领域后，更显示出了强大的实用价值。杜邦、通用汽车公司和波音公司都大量依赖人工智能系统。人们开始感受到电脑和人工智能技术的影响。

人工智能的发展引起了人们广泛的关注，对人工智能的讨论也出现了"强人工智能"和"弱人工智能"的说法。持强人工智能观点的人认为，有一天人类有可能制造出真正能推理和解决问题的智能机器，并且，这样的机器能将被认为是有知觉的，有自我意识的。而持弱人工智能观点的人认为，不可能制造出能真正地推理和解决问题的智能机器，这些机器只不过看起来像是智能的，但是并不真正拥有智能，也不会有自主意识。

其实，早在1941年美国著名的科幻小说家艾萨克·阿西莫夫就已经在思考人工智能在未来的智慧程度能否达到人类的智慧水平，以及未来的人类如何与人工智能相处。并且还在他的作品《Runaround》中第一次明确提出了著名的"阿西莫夫机器人三大定律"，即：一、机器人不得伤害人类，或看到人类受到伤害而袖手旁观；二、在不违反第一定律的前提下，机器人必须绝对服从人类给予的任何命令；三、在不违反第一定律和第二定律的前提下，机器人必须尽力保护自己。阿西莫夫希望用这样的定律来规范人工智能机器人。这虽然只是科幻小说中的假象，但是随着时代的进步和电脑的飞速发展，艾萨克·阿西莫夫的小说引起了更多人的思考，当人工智能有了人类大脑的推理能力、感知能力以及自我意识，那时的世界会怎样？未来的世界和人类会被机器人所控制吗？

有的哲学家提出人工智能与人类思维是有本质区别的：人工智能不是人的智能，更不会超过人的智能；人工智能只是无意识的机械的物理的过程，而人类智能主要是生理和心理的过程；人工智能没有社会性，而且人工智能没有人类的意识所特有的创造能力。

但是在1997年5月11日，人与电脑之间进行的国际象棋挑战赛中，机器人"深蓝"在正常时限的比赛中首次击败了排名世界第一的棋手——加里·卡斯帕罗夫时，人们开始感受到了人类的智慧尊严受到人工智能的强力挑战。正如最早提出"强人工智能"的科学家约翰·希尔勒所说："电脑不仅是用来研究人的思维的一种工具，只要运行适当的程序，电脑本身就是有思维的。"

人工智能不仅仅是逻辑思维与模仿，科学家们对人类大脑和神经系统研究得越多，他们越加肯定：情感是智能的一部分，而不是与智能相分离的。因此人工智能领域的下一个突破可能不仅在于赋予计算机更多的逻辑

推理能力，而且还要赋予它情感能力。许多科学家断言，机器的智能会迅速超过阿尔伯特·爱因斯坦和霍金的智能之和。有的科学家认为用克隆技术复制智能比制造人工智能要有效而且容易得多，但是未来学家们预言，总有一天，人类所能做的大多数事情，电脑会做得更好。

虽然目前人工智能的发展相对人们的期望与想象的还有差距，但是现代科学技术尤其是电脑的发展，都已经为人们展现了一个又一个奇迹。因此，无论在未来人工智能是否会达到人类智慧水平甚至超越人脑，它带给人类乃至这个世界的都将是一场影响深远的革命。

## 相关链接

# 国际象棋人机对抗——谁比谁更"深"

"我认为需要教会电脑一点东西，教它如何认负！"国际象棋世界棋王卡斯帕罗夫在1989年第一次人机大战轻松击败电脑"深思"后说。

"我能够感受到来自棋桌对面一种新型的智慧。"1996年，卡斯帕罗夫在取得2胜、2和、1负的战绩后，开始恭维新对手"深蓝"。一年后，他就以2.5∶3.5败给了"更深的蓝"。

"相信我，败给电脑感觉之痛苦是败给同行的两倍。"2002年，世界冠军克拉姆尼克与电脑Fritz苦战8盘最终战平。

"深思"、"深蓝"、"更深的蓝"……电脑在用不断完善的程序赶超着棋王的智慧。

尽管人类最初完全胜过机器，但近年来电脑在棋力方面取得了戏剧性的进步。如今，更多愤懑的神情已经出现在人类棋王的脸上。

在国际象棋领域，电脑在计算速度上有着人类自身无法企及的能力

——运行在高速机器上最强大的棋弈程序每秒钟可以完成一百万个或者更多局面的计算。在复杂的战术局面里它们强于任何人类棋手：在开局方面它们能从磁盘上获得无限的知识，包括数千万步已经被尝试和验证过的招法；在残局方面它们使用残局库能够进行非常精确的搜索，而且几乎拥有特定限制的残局所有的信息，所以能走得滴水不漏。由此，第一代弈棋电脑的研究者贝利纳、许锋雄等人在上世纪90年代初就认为，电脑在1994年就可以所向无敌。

今天，一台装载有磁盘程序的个人电脑可以击败99.999%人类棋手。对于人类来说，值得安慰的是剩下的0.001%最高级别的人类棋手，在已经被电脑占尽优势的国际象棋领域，他们依然代表着一道难以逾越的障碍。

卡斯帕罗夫曾经认为电脑真正稳定战胜人类世界冠军要到2010年，电脑科学家汤普森则认为可能要到2018年。但不管怎样，人类必须接受这一现实，机器在国际象棋界一统天下的日子终将到来。

## 电影中的人工智能

美国人工智能专家曾大胆预测：未来地球上将有两种聪明的物种同时存在，人类将不再是万物之灵，机器人将具有人类的意识、情绪和欲望，电脑智能将比人脑高出1万倍。在2045年之前，人类跟机器会融合成一体。

当机器人真的被赋予了人类式的情感和意志，它将像人类一样，具备各方面的人性特征：创造性的思维、独立的思考与决策、自觉性的行为及各种人情世故，面对与人类一样有人格自尊的机器人，人类该如何以待？机器人是不是也该像我们一样拥有生存与发展的基本权利，谋求政治上的自由和平等？它们会不会凭借自身强大的功能揭竿而起，来一场人工智能的反叛以摆脱人类的控制？一手缔造了机器人神话的人类，是否已经准备好迎接未来的机器人时代？

科技的发展给了人类无穷的想象空间，其实这些场景在各种科幻作品，尤其是电影中已经常可见。这些影片中不仅演出了对未来的畅想，更表达了人类对自身的反思。

### 《我和机器人》

影片《我和机器人》（《I，ROBOT》）是根据著名科幻小说家艾萨克·阿西莫夫1950年发表的同名小说改编而成。影片中展现的是公元2035年

影片《我和机器人》

的世界。智能型机器人已被人类广泛利用，作为最好的生产工具和最忠实的伙伴，人类对这些能够胜任各种工作且毫无怨言的机器人充满信任。

但机器人控制系统，巨型高智能机器人"薇琪"认为人类正在危害自身的安全：国家发动战争，人类摧残地球，而根据机器三大法则，薇琪认为机器人必须保护、拯救人类。它因此利用了上行线路来控制机器人的程序来实施"拯救计划"——不允许人类走出家门。而这种"保护"在人类看来，无疑就是"监禁"与"奴役"。

影片的最终薇琪被摧毁，"人类保护计划"的所有命令也随即终止。城市恢复了正常，机器人重新开始为人类服务。而影片所讲述的故事正是现在人们担心和热衷讨论的话题：随着科技的飞快进步，机器向智能化靠拢，人性在机器面前萎缩，甚至被它反制，人们对于那些逐步替代人类工作的电脑和机器人产生了担心，是否真的会有一天，人类会反被自己的设计所控制呢？

## 《人工智能》

影片《人工智能》（A.I.）描写了人类对于机器人情感的幻想。莫妮卡·史文顿的爱子马丁因重病而离开了她，丈夫为排解她的寂寞，特意收养了一个看来与真人无异的机器人男孩——大卫，与她做伴。聪明的大卫竟然学会了人类的感情，与莫妮卡发展出亲如母子的关系。不料马丁奇迹般康复回家，重新夺回莫妮卡的爱，大卫妒意大发，与马丁争宠。莫妮卡无奈之下忍痛将大卫遗弃在野外。

大卫开始了他的寻爱历险，他一直想变成真人，获得莫妮卡的母爱。在机器舞男"乔"的帮助下，大卫进入冰河期的水底世界找寻仙女实现他的愿望。两千年后，沧海桑田，水底世界变为陆地，冰封的大卫得以复生。他终于在机器人统治的世界利用DNA技术将早已去世的莫妮卡复制出来，母子俩度过了最快乐的一天……

电影中，导演斯皮尔伯格以一个非人类为主角，讲述了一个机器男孩的心路历程。人工智能是人类科技的产品，人类一如既往地对自己的科技产品怀有敌意和偏见。虽然大卫探求与人类平等的情感的努力孜孜不懈，但最后仍以失败告终。片中包含了斯皮尔伯格对于科技和人类自身的一些反思：当科技力量已经足够强大的时候，科技是否只能为人类服务，还是能拥有和人类对等的地位？人类惧怕科技的毁灭性力量，但是毁灭人类的并不是科技而是人类对于科技的狂热与偏见。

剧终时的温情毕竟留下了一丝希望：大卫终于能与人类母亲重会共叙天伦。在未来人的世界中，人类、机器人、仙女终于平等地相处在了一起。

### 《机器人瓦力》

公元2700年，人类文明高度发展的同时，地球却因污染和生活垃圾大量增加，而不再适于人类居住。人类被迫乘坐飞船离开故乡，进行一次漫长无边的宇宙之旅。临行前他们开发了名为瓦力（WALL·E，Waste Allocation Load Lifters Earth，地球废品分装员）的机器人担当清理地球垃圾的重任。

随着时间的流逝和恶劣环境的侵蚀，瓦力们接连损坏、停止运动。最后只有一个仍在运行这项似乎永无止境的工作。经历了漫长的岁月，他开始拥有了自己的意识。他喜欢将收集来的宝贝小心翼翼藏起，喜欢收工后看看几百年前的歌舞片，此外他还有一只蟑螂朋友做伴。直到有一天，一艘来自宇宙的飞船打破了他一成不变的生活。瓦力遇见了前来地球探寻生命体的伊娃，并爱上了这个显然比自己高级许多的女机器人。追随爱人而去的它来到漂浮在太空中的城堡，发现这里的人类已经退化，他们有着肥胖的四肢和脑袋，生活在机器人给予的虚幻世界中。

这个被人类遗弃在地球上的瓦力，最终把人类从机器人给予的过度保护中唤醒了过来，让这些在椅子上生活了一辈子的人们恢复了直立行走，然后一起返回地球重建生命。

在影片中的机器人瓦力拥有丰富的内心情感：初遇伊娃时就如一个青

春期的懵懂少年，向她大献殷勤，请人到家里做客却又手足无措，想方设法找些让她感兴趣的话题，献上自己的宝贝收藏以博取其欢心，偷偷地想牵人家的手却又不敢……之后瓦力又如同一位爱情坚贞的守护者，始终不渝地守护着陷入休眠的伊娃，陪着她经受风吹日晒，雨淋雷劈，甚至追随她飞向茫茫宇宙……

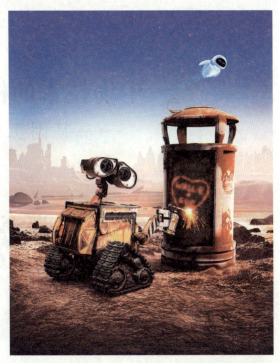

电影《机器人瓦力》

而反观人类却因自身的贪婪和欲望对地球环境资源严重破坏，导致人类最终走向太空的深渊，结果却被人类创造的智能机器所管制，使得人类变成了傻乎乎、胖墩墩的群体并失去了自主意识。好在最后的希望并没有破灭，在瓦力的帮助下，人类重返地球，开始了家园的建设。

# 生物技术的核心

## ——基因工程

基因工程又称遗传工程，旨在研究生物遗传特性的奥秘，利用人工的方法修改生物染色体内的基因，改变基因原有的氨基酸序列，从而产生生物的特变体，即产生一种新的物种。

基因工程是现代生物技术的核心，它是20世纪70年代发展起来

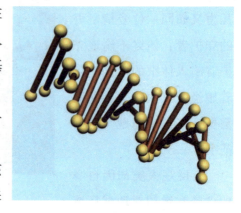

的一门边缘学科，它的诞生源于现代生物学理论上的发展和技术上的发明。有人称基因工程是人类创造的操纵生命最有效、最准确的生物工具。这是建立在分子生物学理论基础之上的一种大胆设想。如果这种设想变成

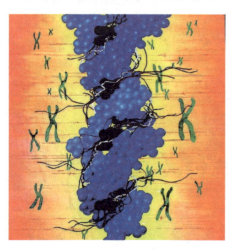

了现实，那么它对人类的贡献是不可估量的。有人认为，这一学科发展的重要性足以相当或超过原子能的利用。

基因工程的最终目的是获得目的基因的表达产物，即蛋白质(酶)。人们掌握基因操作的时间并不长，但已经获得了多种多样的表达产物。用基因工程改造过的微生

物、动物、植物层出不穷，它们都被人为地赋予了特殊的使命。

基因工程在农业方面的应用是培养"超级植物"，或称"转基因植物"，其主要方向和取得的成果主要有：改良作物品种，提高作物产量；提高农作物的抗病能力；培养耐寒、耐旱、耐热、耐盐碱特性的农作物，以扩大作物播种面积；提高农作物的蛋白质含量；使一般作物具有类似豆类作物一样的固氮能力；使植物含有动物蛋白质；提高某些作物的光合作用能力。

基因工程在畜牧业方面的应用是培养"超级动物"，或称"转基因动物"，其主要方向有提高家畜、家禽的生长速度，减少饲料消耗；提高家

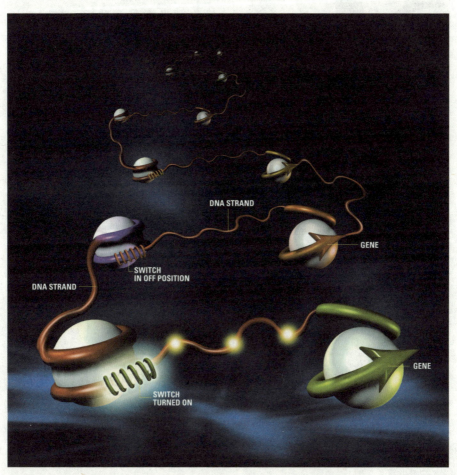

科学家通过基因研究，宣布鸟类起源于恐龙。

畜的出肉率和瘦肉的比例；提高家畜、家禽的抗病能力；提高家畜的产奶率和家禽的产蛋率；培养新的家畜和家禽品种；培育某些家畜令其奶中含有药物成分。

在医学方面基因工程的应用是制造"超级药物"以消除遗传疾病及癌症、艾滋病一类绝症，其方向主要是采用基因重组技术，使人体恢复胰岛素生产功能，根除糖尿病；制造抗癌药物，使癌细胞转化为正常细胞或消灭癌细胞，以根治癌症；培养防治艾滋病、肝病、小儿麻痹症等病症的疫苗；修改有缺陷基因，消除遗传疾病；在水果或食用植物中转移药物基因，培育有免疫功能的水果。基因还可培养用于人体的动物器官。

基因工程应用于刑事鉴定科学，可制作基因指纹。基因指纹用于刑事鉴定的准确率远高于传统的指纹。而且只需获得亿分之一的取样量就可进行，方便易得。亲子基因的鉴定，还可使被拐骗儿童找到自己的亲生父母。

基因工程还可应用于研究动植物的物种起源——科学家利用基因

比较发现，鲸与牛的亲缘关系比鱼更接近；中国、美国、加拿大三国科学家通过基因研究宣布鸟类起源于恐龙。　基因工程在其他领域的应用也很广泛。美国科学家利用基因工程在山羊奶中炼出了"生物钢"，他们将蜘蛛蛋白基因转移到山羊的乳房细胞中，使山羊乳汁中产生蜘蛛蛋白，以此制造出一种崭新的蜘蛛丝式纤维。这种纤维不仅可降解，而且其强度足以防弹。科学家们还一直试图从恐龙化石中找到恐龙基因，希望由此复活已灭绝的恐龙。

相关链接

## 转基因食品能不能吃？

　　所谓转基因生物，就是利用分子生物学技术，将某些生物的基因转移到其他物种中去，改造生物的遗传物质，使其在营养品质、消费品质方面向人类所需要的目标转变，以转基因生物为直接食品或为原料加工生产的食品就是转基因食品。90年代初，市场上第一个转基因食品出现在美国，是一种保鲜番茄。

　　此后，转基因食品一发不可收拾。据统计，美国食品和药物管理局确定的转基因品种已有43种。美国是转基因食品最多的国家，60%以上的加工食品含有转基因成分，90%以上的大豆、50%以上的玉米、小麦是转基因的。转基因食品有转基因植物，如：西红柿、土豆、玉米等，还有转基因动物，如：鱼、牛、羊等。虽然转基因食品与普通食品在口感上没有多大差别，但转基因的植物、动物有明显的优势：优质高产、抗虫、抗病毒、抗除草剂、改良品质、可逆境生存等。

　　面对越来越多的转基因食品，人们的看法并非一致，美国、加拿大两

国的消费者大多已接受了转基因食品。而在欧洲，大多数人是反对转基因食品的——在英国尤为明显。缘由是1998年英国的一位教授的研究表明，幼鼠食用转基因的土豆后，会使内脏和免疫系统受损，这是对转基因食品提出的最早质疑，并在英国及全世界引发了关于转基因食品安全性的大讨论。虽然英国皇家学会于1999年5月发表声明，说此项研究"充满漏洞"，转基因土豆有害生物健康的结论完全不足为凭。但是，转基因食品的安全性问题已引起了消费者的怀疑。

其实从本质上讲，转基因生物和常规育成的品种是一样的，两者都是在原有的基础上对某些性状进行修饰，或增加新性状，或消除原有不利性状。常规育成的品种仅限于种内或近缘种间，而转基因植物中的外源基因可来自植物、动物、微生物。从理论上讲，转基因食品是安全的。长期食用转基因食品并不会产生副作用，因为转基因食品上市之前是经过大量试验和许多部门严格检验的，而且转基因食品在人体内并不积累。人们怀疑转基因食品可能对人体产生种种危害，主要是人们对基因工程不了解，而且这些"危害"是毫无科学根据的。

虽然人们对于转基因食品还存在着争论，但它的优势还是表现得越来越显著。在美国得到普遍种植的转基因玉米中色氨酸含量提高了20%。色氨酸是人体必需的氨基酸，无法自己合成，只能从外界摄取，一般植物性食品中色氨酸含量很低甚至没有，只能在动物性食物中获取。转基因玉米的出现，对于素食主义者而言，无疑是个喜讯。转基因油菜中，不饱和脂肪酸的含量大增，对心血管有利。转基因牛奶，增加了乳铁蛋白、抗病因子的含量，降低了脂肪含量。

## 基因工程可使青春常驻

一项最新研究显示，一种基因能让皮肤变得更加年轻。这就意味着，长生不老药并非完全没有可能，至少从理论上说是这样。

研究人员通过阻碍这种基因的活性，能够让老年实验鼠的皮肤重现青春活力，让它们看起来年轻2岁。实验结束后它们的皮肤不仅看起来更年轻，而且从生物学水平来看，它们就像新生儿。加利福尼亚斯坦福医学院的霍华德·常博士领导了这项研究，他表示，这表明衰老可以被暂时逆转："这些发现显示，衰老并不只是因机体受损所致，它还是一种持续不断的活性遗传程序造成的结果，我们可以通过阻止这种程序提高人类健康。我们发现一种惊人的方法，通过它可以让皮肤看起来更加年轻。这暗示衰老过程具有可塑性，或许我们能通过某种方法阻断它的进程。"

虽然常博士提及了让皮肤恢复青春活力的可能性，但是他强调说，他没有估量这种方法对寿命的影响，并警告说，不要产生"青春之泉"可以重现的错误希望。目前没有人知道这种回春程序能够持续多长时间。

# 向生物学习
## ——仿生技术

    仿生技术是通过研究生物系统的结构和性质，以此来为工程技术提供新的设计思想及工作原理的科学。仿生技术一词bionics是1960年由美国科学家斯蒂尔根据拉丁文"bios"（生命方式）和字尾"nic"（具有……的性质）构成的。

    仿生技术的问世开辟了独特的技术发展道路，也就是人类向生物界索取蓝图的道路，它大大开阔了人们的眼界，显示了极强的生命力。仿生技术的光荣使命就是为人类提供最可靠、最灵活、最高效、最经济的，最接近于生物系统的技术系统，为人类造福。

    生物自身具有的功能比迄今为止任何人工制造的机械都优越得多，而仿生技术，就是要在工程上实现并有效地应用生物的功能。在信息接受（感觉功能）、信息传递（神经功能）、自动控制系统等方面，生物体的结构与功能在机械设计方面都给予了人们很大启发。

人们在设计潜水艇的过程中也走了许多弯路，最终利用仿生学借鉴了鱼鳔充气排气的原理，完美的实现了潜水艇的上浮和下沉。

    生物学的研究可以说明，

生物在进化过程中形成的极其精确和完善的机制，生物所具有的许多卓有成效的本领是人造机器所不可比拟的。人们在技术上遇到的某些难题，生物界早在千百万年前就曾出现，而且在进化过程中就已解决了。在20世纪40年代以前，人们并没有自觉地对生物的功能进行模仿，而走了不少弯路。从20世纪50年代以来，人们已经认识到生物系统是开辟新技术的主要途径之一，开始自觉地把生物界作为各种技术思想、设计原理和创造发明的源泉。

模仿苍蝇楫翅设计的螺旋桨，被广泛应用于飞行器材。

苍蝇，是细菌的传播者，可是苍蝇的楫翅（又叫平衡棒）是"天然导航仪"，人们模仿它制成了"振动陀螺仪"。这种仪器目前已经应用在火箭和高速飞机上，从而实现了自动驾驶。苍蝇的眼睛是一种"复眼"，由3000多只小眼组成，人们模仿它制成了"蝇眼透镜"。"蝇眼透镜"是用几百或者几千块小透镜整齐排列组合而成的，用它做镜头可以制成"蝇眼照相机"，一次就能照出千百张相同的相片。这种照相机已经用于印刷制版和大量复制电子计算机的微小电路，大大提高了工效和质量。

自从人类发明了电灯，生活变得方便、丰富多了。但电灯只能将电能的很少一部分转变成可见光，其余大部分都以热能的形式浪费掉了，而且电灯的热射线不利于人眼。为了制造只发光不发热的光源，人类又把目光投向了大自然。在自然界中，有许多生物都能发光，如细菌、真菌、蠕虫、软体动物、甲壳动物、昆虫和鱼类等，而且这些动物发出的光都不产生热，所以又被称为"冷光"。在众多的发光动物中，萤火虫是其中的一类。萤火虫发出的冷光的颜色有黄绿色、橙色，光的亮度也各不相同。萤火虫发出冷光不仅具有很高的发光效率，而且这种冷光一般都很柔和，很适合保护人类的眼睛，光的强度也比较高。因此，生物光是一种人类的理想光。

科学家研究发现，萤火虫的发光器位于腹部。这个发光器由发光层、透明层和反射层三部分组成。发光层拥有几千个发光细胞，它们都含有荧光素和荧光酶两种物质。在荧光酶的作用下，荧光素在细胞内水分的参与下，与氧化合成便发出荧光。萤火虫的发光，实质上是把化学能转变成光能的过程。人们根据对萤火虫的研究，创造了日光灯，使人类的照明光源

电子蛙眼装入雷达系统后，雷达抗干扰能力大大提高。

发生了很大变化。近年来，科学家先是从萤火虫的发光器中分离出了纯荧光素，后来又分离出了荧光酶，接着，又用化学方法人工合成了荧光素。由荧光素和水等物质混合而成的生物光源，可在充满爆炸性瓦斯的矿井中当闪光灯。由于这种光没有电源，不会产生磁场，还可以做清除磁性水雷的工作。

人们根据蛙眼的视觉原理，已研制成功一种电子蛙眼。这种电子蛙眼能像真的蛙眼那样，准确无误地识别出特定形状的物体。把电子蛙眼装

仿生学家仿照水母的结构和功能，设计了水母耳风暴预测仪。

入雷达系统后，雷达抗干扰能力大大提高。这种雷达系统能快速而准确地识别出特定形状的飞机、舰船和导弹等。特别是能够区别真假导弹，防止以假乱真。电子蛙眼还广泛应用在机场及交通要道上。在机场，它能监视飞机的起飞与降落，若发现飞机将要发生碰撞，能及时发出警报。在交通要道，它能指挥车辆的行驶，防止车辆碰撞事故的发生。

生物许多的行为都与天气的变化有着一定的关系。沿海渔民都知道，生活在沿岸的鱼和水母成批地游向大海，就预示着风暴即将来临。水母，是一种古老的腔肠动物，早在5亿年前，它就漂浮在海洋里了。这种低等动物一直有着预测风暴的本能，每当风暴来临前，它就会游向大海中避难。其中原因在于，由空气和波浪摩擦而产生的次声波，从来都是风暴来临的前奏曲。这种次声波人耳无法听到，而水母对此却很敏感——仿生技

『鲨鱼皮』泳衣

术家发现，水母的耳朵的共振腔里长着一个细柄，柄上有个小球，球内有块小小的听石，当风暴前的次声波冲击水母耳中的听石时，听石就刺激球壁上的神经感受器，于是水母就听到了正在来临的风暴的隆隆声。

仿生技术家仿照水母耳朵的结构和功能，设计了水母耳风暴预测仪，相当精确地模拟了水母感受次声波的器官。把这种仪器安装在舰船的前甲板上，当接受到风暴的次声波时，可旋转360°的喇叭会自行停止旋转，它所指的方向，就是风暴前进的方向；指示器上的读数即可告知风暴的强度。这种预测仪能提前15小时对风暴做出预报，对航海和渔业的安全都有重要意义。

自然界中有许多生物都能产生电，仅仅是鱼类就有500余种。人们将这些能放电的鱼，统称为"电鱼"。各种电鱼放电的本领各不相同。放电能力最强的是电鳐、电鲶和电鳗。有一种南美洲电鳗竟能产生高达880伏的电压，称得上"电击冠军"，它甚至能击毙像马那样的大动物。

科学家们通过对电鱼的解剖研究，发现在电鱼体内有一种奇特的发电器官。这些发电器是由许多叫做"电板"或"电盘"的半透明盘形细胞构成的。电鱼这种非凡的发电本领，引起了人们极大的兴趣。19世纪初，意大利物理学家伏特，以电鱼发电器官为模型，设计出世界上最早的伏打电池。因为这种电池是根据电鱼的天然发电器设计的，所以把它叫做"人造电器官"。对电鱼的研究，还给人们这样的启示：如果能成功地模仿电鱼的发电器官，那么，船舶和潜水艇等的动力问题便能得到很好的解决。

专业泳衣制造商SPEEDO公司推出的第四代鲨鱼皮泳衣一经推出便极

科学家根据长颈鹿利用紧绷的皮肤控制血管压力的原理，研制了宇航飞行服——"抗荷服"

度风光：美国"飞鱼"菲尔普斯在2008年奥运会上获得8枚金牌，名将霍夫创造了女子400米混合泳的纪录……自投入市场以来，身着第四代鲨鱼皮的选手已接连刷新了40多项游泳世界纪录。这款泳衣之所以叫做"鲨鱼皮"，是因为它的核心在于模仿鲨鱼的皮肤。鲨鱼皮肤表面粗糙的V形皱褶可以大大减少水流的摩擦力，使鲨鱼得以快速游动。"鲨鱼皮"泳衣的超伸展纤维表面便是完全仿造鲨鱼皮肤表面而制成的。这款泳衣还融合了仿生技术原理，在接缝处模仿人类的肌腱，为运动员向后划水提供动力。

长颈鹿之所以能将血液通过长长的颈输送到头部，是由于长颈鹿的血压很高。据测定，长颈鹿的血压比人的正常血压高出2倍。这样高的血压却没有使长颈鹿出现脑溢血——这与长颈鹿身体的结构有关。首先，长颈鹿血管周围的肌肉非常发达，能压缩血管，控制血流量；同时长颈鹿腿部

悉尼歌剧院

及全身的皮肤和筋膜绷得很紧，利于下肢的血液向上回流。科学家由此受到启示，在训练宇航员时，设置一种特殊器械，让宇航员利用这种器械每天锻炼几小时，以防止宇航员血管周围肌肉退化；在宇宙飞船升空时，科学家根据长颈鹿利用紧绷的皮肤控制血管压力的原理，研制了宇航飞行服——"抗荷服"。抗荷服上安装有充气装置，随着飞船速度的增高，抗荷服可以充入一定量的气体，从而对血管产生一定的压力，使宇航员的血压保持正常。同时，宇航员腹部以下部位是套入抽去空气的密封装置中的，这样可以减小宇航员腿部的血压，利于身体上部的血液向下肢输送。

根据蝙蝠超声定位器的原理，人们还仿制了盲人用的"探路仪"。这种探路仪内装一个超声波发射器，盲人带着它可以发现电线杆、台阶、路上的行人等。如今，有类似作用的"超声眼镜"也已制成。

龟壳的背甲呈拱形，跨度大，其中包括了许多力学原理。虽然它只有2厘米的厚度，但铁锤敲砸都很难破坏它。建筑学家模仿它进行了薄壳建筑设计。这类建筑有许多优点：用料少，跨度大，坚固耐用。薄壳建筑也并非都是拱形，举世闻名的悉尼歌剧院就像一组停泊在港口的群帆。

### 相关链接

随着仿生技术的发展，科学家已经能够利用模仿人体组织的仿生材料，来代替人体器官的功能，解决各种医学难题。

大脑的结构非常复杂，大脑部分替换不像替换四肢那样简单。美国南加州大学教授伯格发明了一种仿生材料制作的电脑芯片，这种电脑芯片能够取代海马（大脑内控制短时记忆和空间感的区域）。如老年痴呆或中风等病症，这种芯片的植入可以帮助病人的大脑维持一定的正常功能。

有时候，当人们需要把药物准确无误地传到身体的某个部位时，一颗药丸或是一次注射都不能达到理想的效果。美国宾州大学生物工程教授丹尼尔·哈姆找到了一种更好的方法：人造细胞。它由仿生材料制作而成，能模仿白细胞自由地在身体内流动。这些假细胞能够准确无误地把药物送到它应该到达的部位。可以说，在假细胞的帮助下，某些疾病的治疗更容易、更安全了，其中也包括对癌症的治疗。

对于肾功能失效的人来说，基本的生活需求，例如，血液排毒和保持体内液体平衡，都需要数小时与透析机的连接来维持。科学家马丁·罗伯特和大卫·李设计了一种轻便的人造肾，尽管它的尺寸很小，但它却是自动化的、可穿戴的人造肾。人造肾不仅很小很轻，足以放置在身体的肾部位置，同时还可以帮助人体恢复肾功能。它的实际功能要强于传统的透析，因为它可以全天24小时正常使用——这和真正的肾没有什么区别。

# 医学史上的里程碑
## ——试管婴儿

试管技术，又称体外受精联合胚胎移植技术，是指分别将卵子与精子取出后，置于试管内使卵子受精，再将受精卵移植回母体子宫内发育成胎儿。试管婴儿就是用人工方法让卵子和精子在体外受精并进行早期胚胎发育，然后移植到母体子宫内发育而诞生的婴儿。

"试管婴儿"最初是由英国产科医生帕特里克·斯特普托和生理学家罗伯特·爱德华兹合作研究成功的。"试管婴儿"一诞生就引起了世界科学界的轰动，甚至被称为人类生殖技术的一大创举，也为治疗不孕不育症开辟了新的途径。"试管婴儿"是将体外受精的新的小生命送回女方的子宫里，让其在子宫腔里发育成熟，并使怀有试管婴儿的母亲与正常受孕妇女一样，怀孕到足月，正常分娩出婴儿。

受精卵在体外形成早期胚胎后，就可以移入女性的子宫了。如果女性的子宫有疾病，还可将早期胚胎移入自愿做代孕母亲的女性子宫内，这样出生的婴儿就有了两个母亲，一位是给了他遗传基因的母亲，一位是给了他血肉之躯的母亲。这一技术的产生给那些可以产生正常精子、卵子但由于某些原因却无法生育的夫妇带来了福音。

世界上第一个试管婴儿路易斯·布朗

1944年，美国人洛克和门金首次进行这方面的尝试。世界上第一个试管婴儿路易斯·布朗于1978年7月25日23时47分在英国的奥尔德姆市医院诞生，此后该项研究发展极为迅速，到1981年已扩展到10多个国家。现在世界各地的试管婴儿总数已达数千名。

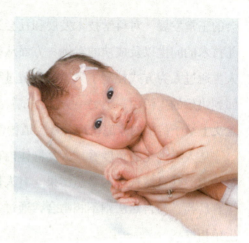

先进的生殖医学研究已将人类生殖的自我控制推向新的极限，如今被称为"第三代试管婴儿"的技术更是取得了革命性的突破，它从生物遗传学的角度，帮助人类选择生育最健康的后代，为有遗传病的未来父母提供生育健康孩子的机会。

科学家在实验室中，可以为每一对选择试管婴儿技术生育儿女的夫妇，在试管中培育出若干个胚胎，在胚胎植入母体之前，可按照遗传学原理对这些胚胎作诊断，从中选择最符合优生条件的那一个胚胎植入母体。人类的某些遗传病是有选择地在不同性别的后代身上发病的。如男性血友病患者，一般来说他的儿子是正常的，而女儿或正常或携带血友病基因的概率各占一半；血友病患者如是女性，那她的儿子会发病，而她的女儿或正常或携带血友病基因的概率各占一半。营养不良、色盲等遗传病的原理与血友病相同。只要了解这种遗传特征，就可以对试管培育的胚胎细胞进行基因检测，选择没有致病基因的胚胎植入子宫，从而避免带有遗传病孩子出生。

试管婴儿技术不但能够解决妇女的不育症，还能为保存面临绝种危机的珍贵动植物提供有效的繁殖手段。此外还可以通过试管婴儿技术限制人口数量、提高人口素质。试管婴儿是现代科学的一项重大成就，它开创了胚胎研究和生殖控制的新纪元。

从伦理学范畴分析，试管婴儿技术产生的初衷是为了家庭的完整和社会的正常发展，对科学技术发展和社会道德伦理均有着支撑作用。试管婴儿技术的问世以及成功的案例一方面从根本上解决了生殖医学上的难题，人类通过人为方式控制了人类的生殖过程，将一个个带有缺憾的家庭又带回到快乐的生活中；但另一方面，试管婴儿技术的应用范畴拓宽，在某种意义上给予传统的家庭伦理、社会道德伦理等方面以强烈的冲击。

从人类进化的角度看，人类群体内存在部分不能生育的个体，是其生育能力经受自然选择的必然结果。有人便由此提出：用人工技术手段使其生育后代，与自然法则不相吻合，通过人工的方式干预自然生殖，与传统生殖相悖。

第一代试管婴儿实验是从有生殖器官功能障碍的母体内取卵，与其丈夫的精子在体外受精，然后移植回原母体子宫内发育成熟，这其中没有夫妻之外的人参与，因此，应当说是没有什么伦理道德问题的。但在其后来

的发展过程中却产生了很多伦理道德问题。如在夫妻中男方无法获取精子的情况下，运用其他男子精子与母体卵子实现体外受精，使其受孕，使得试管婴儿同时存在遗传学和法律上的两位父亲。如果一名提供者向若干受体母亲提供精子的现象发生时，由这些母亲生育的子女之间均为"同父异母"关系。他们之间完全有可能

因互不知情而发生相互婚配，而由此产生的遗传上和伦理关系上的混乱是人们难以想象的。同理，如若"借用子宫"也使得婴儿存在两位母亲，一位是遗传学上的母亲，一位是具有生养关系的母亲。这些都打乱了传统的血缘关系和家庭伦理关系，这点也被很多强烈反对试管婴儿技术的人士所抨击。

"借用精子"和"借用子宫"产生的初衷是为了更多的家庭、更多的妇女实现自身孕育、血脉延续的梦想，但是，也不乏一些利欲熏心的人开始利用人们渴望实现孕育的心理，非法地出卖精子和代人孕育，从中牟取钱财。这里，精子和子宫被作为商品进行着金钱交易，使得单纯的人类繁殖过程被添加进了复杂的金钱因素，这是与传统伦理道德思想格格不入的。

# 无性繁殖技术
## ——克隆

　　一个细菌经过20分钟左右就可一分为二；一根葡萄枝切成十段就可能变成十株葡萄；仙人掌切成几块，每块落地就生根；一株草莓依靠它沿地"爬走"的匍匐茎，一年内就能长出数百株草莓苗……凡此种种，都是生物靠自身的一分为二或自身的一小部分的扩大来繁衍后代，这就是无性繁殖。无性繁殖的英文名称是"Clone"，音译为"克隆"。如今，克隆是指利用生物技术，由无性生殖产生与原个体有完全相同基因组的后代的过程。

　　在1997年2月英国罗斯林研究所维尔穆特博士科研组公布克隆羊"多莉"培育成功之前，胚胎细胞核移植技术已经有了很大的发展。实际上，

"多莉"的克隆在核移植技术上沿袭了胚胎细胞核移植的全部过程，但这并不能减低"多莉"的重大意义，因为它是世界上第一例经体细胞核移植出生的动物，是克隆技术领域研究的巨大突破。这一巨大进展意味着同植物细胞一样，分化了的动物细胞核也具有全能性，在分化过程中细胞核中的遗传物质没有产生不可逆的变化。利用体细胞进行动物克隆的技术是可行的，这为大规模复制动物优良品种和生产转基因动物提供了有效方法。

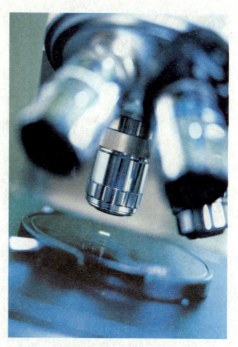

克隆羊"多莉"的诞生在全世界掀起了克隆研究热潮。1997年3月，即"多莉"诞生后1个月，美国、中国台湾和澳大利亚科学家分别发表了他们成功克隆猴子、猪和牛的消息。同年7月，罗斯林研究

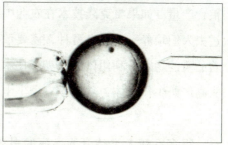

所和PPL公司宣布，用基因改造过的胎儿的纤维细胞克隆出世界上第一头带有人类基因的转基因绵羊"波莉"（Polly）。这一成果显示了克隆技术在培育转基因动物方面的巨大应用价值。1998年7月，美国夏威夷大学宣布，用小鼠卵丘细胞克隆了27只成活小鼠，其中7只是由克隆小鼠再次克隆的后代，这是继"多莉"以后的第二批哺乳动物体细胞核移植后代。

科学家们在不同物种间进行细胞核移植实验也取得了可喜的成果，1998年1月，美国威斯康星—麦迪逊大学的科学家们以牛的卵子为受体，成功克隆出猪、牛、羊、鼠和猕猴五种哺乳动物的胚胎。虽然这些胚胎都

克隆羊多莉

流产了，但它对异种克隆的可能性做了有益的尝试。1999年，美国科学家用牛卵子克隆出珍稀动物盘羊的胚胎；我国科学家也用兔卵子克隆了大熊猫的早期胚胎。

克隆技术被誉为"一座挖掘不尽的金矿"，它在生产实践上具有重要的意义，已展示出广阔的应用前景。当今世界人口在增长，土地在锐减，迫使人们不得不想办法提高作物的单位面积产量。人们利用"克隆"技术可以培育出大量具有抗旱、抗倒伏、抗病虫害的优质高产品种，大大提高了粮食产量。如果将克隆技术在农业中推广，将有效解决人类的吃饭问题。过去人们培养一个优良畜种，需要数代杂交选种，而且变异和退化时常威胁品质的稳定。利用体细胞克隆技术，这一世纪难题就迎刃而解。如用一头高产奶牛作供体，就可以克隆出十头、百头甚至千头、万头同样高产的奶牛。

很多吞噬人类健康的疾病的根源用现代医学还无法查出。科学家们把体细胞中可能与疾病有关的"嫌疑"基因，导入实验动物基因中，然后克隆出一批转基因的实验动物。由于人与动物的疾病发生机理有很多相似之处，如果导入的嫌疑基因在动物身上发病，就证明那一基因是"肇事元凶"。

在当代，医生几乎能在所有人类器官和组织上施行移植手术。但就科学技术而言，器官移植中的排斥反应仍是最难解决的问题。排斥反应的原因是组织不配型导致相容性差。利用克隆技术培育人体器官则绝对没有排斥反应之虑，因为二者基因相配，组织也相配。猪的一些器官与人类器官在功能、大小、结构上很接近，比如心脏，所以克隆猪被认为是研究异种器官移植、构建人类疾病模型的理想材料。科学家们通过克隆猪进而培植可供移植给人类的器官，这将解决全球可供移植的人体器官极为短缺的问题。人们还通过"克隆"技术生产出治疗糖尿病的胰岛素、使侏儒症患者重新长高的生长激素和能抗多种病毒感染的干扰素。

从血液中提取的蛋白药物，成本高，价格昂贵，而且有些血液制品中可能隐匿有艾滋病、乙肝等病毒，这使人们在使用这些药物进行医疗的同时又有被传染的危险。如果大量克隆具有特殊药用价值的基因动物，就可以利用这种动物的血液和乳汁，生产具有特殊效用的蛋白药物，既提高效率，又可在安全问题上高枕无忧。

每年，地球上都有许多物种灭绝。克隆绵羊多莉的诞生，为我们开辟了一条保护濒危动物的途径。即使在自然交配成功率很低的情况下，科研人员也可以从濒危珍稀动物个体身上选择适当的体细胞进行无性繁殖，达到有效保护这些物种的目的。从生物学的角度看，这也是克隆技术最有价值的地方之一。

克隆牛

# 克隆器官将造福人类

　　20世纪，器官移植已取得重大成就，但人类现在所进行的器官移植都是从他人身上取下来移到病人身上，可供移植的器官数量总是满足不了等待做移植手术者的需要，而且能提供的器官来源也很紧缺，大部分病人等待器官移植的过程痛苦而漫长。同时，机体组织的排异性仍未被攻克，病人往往要花上为数不少的药费来克服免疫排斥问题。

　　21世纪，人类将迎来人体器官更换的新时代，克隆技术将为更多的患者带来福祉。克隆技术可利用病人的体细胞（如一点皮肤细胞）逆向克隆出病人的胚胎细胞，当发育到囊胚期取出胚胎干细胞，在体外诱导成病人所需的组织细胞，用于以治疗为目的的治疗性克隆。目前，动物实验已经把小鼠的胚胎干细胞诱导成有功能的心肌细胞、神经细胞、胰岛细胞，并成功地完成了治疗相关疾病的动物模型。

　　在美国，每年可用于心脏移植手术的心脏才2 000多个，而需要做手术的有5万多人。这意味着每年有近5万人因为没有可供移植的心脏而死去。于是，科学家们设想出了用人类自己的细胞，克隆出各种器官，以满足器官移植的需要的方法。2003年5月24日，美国华盛顿大学宣布，他们将历时10年，完成在实验室培植人类心脏的计划。培植人类心脏的材料取自病人的细胞。这个被称为"小阿波罗计划"的计划完成后，全世界每年将有成百万心脏病患者获得新生。

目前，全世界很多实验室在开展克隆人体器官的研究，正在实验室中培植的人体器官，有心脏、肝脏、胰腺、乳房、皮肤、骨骼等。其中，由实验室培育的克隆胸骨、克隆血管、克隆皮肤和克隆神经组织正在进入人体实验阶段。

科学家们推测，在未来10年至20年内，克隆人体器官将成为一个产业。到那时，人体无论哪个器官出现问题，换一个新的器官就可治愈。这在人类的文明史上，会成为一个里程碑式的进步。

## 从解冻老鼠到复活猛犸象

据报道，日本科学家于2008年末成功地进行了一次克隆实验，使得一只死亡并冷冻长达16年的老鼠"复活"。这是科学家们首次成功克隆存放如此长时间的冷冻动物，这一技术未来将有望使得猛犸象和剑齿虎等早已灭绝的动物重新复活。

日本神户发育生物学研究中心的科学家们完成了冷冻死亡老鼠的克隆实验，并成功使得一只已死亡并冷藏了16年的老鼠产生新的生命。科学家们宣称他们的研究成果将能够造福人类，还可以让一些早已灭绝的动物，比如猛犸象和剑齿虎等复活。但克隆实验却受到了一些社会学家的批评与指责，实验结果令他们惶惶不安。批评者认为，随着这一实验的成功，人类克隆已近在咫尺，也许只是时间问题。如果有人愿意将死亡的亲戚复活，就可以把其尸体冰冻储藏起来以待克隆。这将可能导致产生一个恐怖的新行业——克隆行业。人们只要把遗体冰冻起来，就有希望有朝一日通过克隆复活。

如果能通过克隆技术成功复活猛犸象等已经在地球上灭绝的动物，对于拯救濒危动物是一大突破性进展。澳大利亚的一个研究小组已经着手研究克隆已灭绝的塔斯马尼亚虎；美国的一个研究小组已经开始尝试复活5年前灭绝的一种野生白山羊。在所有复活计划中，人们最关注的恐怕是恐龙的复活了。从理论上讲，恐龙是不可能复活的。因为经过六千多万年的时间，恐龙的基因都被分解了。科学界对再造猛犸象的计划褒贬不一。赞成者认为这是一次大胆的挑战，如果成功，将把生物技术向前推进一大步。而反对者认为，从生物学的角度讲，复活猛犸象并不具备特别的意义，因为它在生物进化链上的地位已经很清楚。还有人提出，根据达尔文"物竞天择，适者生存"的进化论，物种灭绝是自然现象；人为干涉生物界的自然淘汰，违背了自然规律。

自克隆羊多莉诞生之后，科学家就一直希望能利用这种技术克隆出已经濒临灭绝的哺乳动物，但是用克隆技术挽救濒危动物面临着很多难题。首先，现有的克隆技术往往需要很多该动物的卵细胞，而与之相矛盾的是，越是稀有的动物，其卵细胞也就难以得到。多莉就有3个妈妈：一个提供乳腺细胞，一个提供未受精卵，一个负责将胚胎抚养成小羊羔。虽然科学家们已经在异种克隆方面做了很多工作，但是无法从初期实验的顺利进展中推断是否能最终获得圆满的结果，迄今为止还未成功通过这种方法复制动物。

随着克隆技术的进步，复活远古猛犸象或许已指日可待。

# 福兮祸兮
## ——克隆人

克隆技术不需要精子和卵子的结合，只需从动物身上提取一个单细胞，用人工的方法将其培养成胚胎，再将胚胎植入雌性动物体内，就可孕育出新的个体。这种以单细胞培养出来的克隆动物，具有与单细胞供体完全相同的特征，是单细胞供体的"复制品"。克隆技术的成功，被人们称为"历史性的事件，科学的创举"。有人甚至认为，克隆技术可以同当年原子弹的问世相提并论。

在理论上，利用克隆动物的方法，人们同样可以复制"克隆人"，这意味着，以往科幻小说中的独裁狂人克隆自己的想法是完全可以实现的。而且，即使是用于"复制"普通的人，也会带来一系列的伦理道德问题。因此，克隆羊"多莉"的诞生在世界各国科学界、政界乃至宗教界都引起了强烈反响，并引发了一场由克隆人所衍生的道德问题的讨论。

继2000年一些组织和个人"遮遮掩掩"地提出克隆人类的试验后，美国先进细胞技术公司2001年11月25日宣布首次利用克隆技术培育出人类早期胚胎。目前科学界把对人体的克隆分为治疗性克隆和生殖性克隆。科学界和伦理界对治疗性克隆普遍支持。但生殖性克隆，即克隆完整的人则遭到很大的抵制。究其原因主要是因为目前的克隆技术相对粗糙，克隆人的质量难以保障。克隆人是单性生殖，从进化论的角度看，是一个粗糙的过程。克隆羊多莉的成功率是1/227，而克隆人的成功率乐观估计也只有2%—3%。而且克隆生物个体易产生畸形、死胎、流产、胎儿过大、早衰等情况。

医学家提出，从生物多样性上来说，克隆将减少遗传变异，提高了疾病传染的风险。通过克隆产生的个体具有同样的遗传基因，同样的疾病敏感性，一种疾病就可以毁灭整个由克隆产生的群体，这对人类的生存是不利的。克隆技术的使用将使人们倾向于大量繁殖现有种群中最有利用价值的个体，而不是按自然规律促进整个种群的优胜劣汰，从而干扰了自然进化过程。

社会学家一致强调，从社会的角度看，作为社会主体的人类是不能随意制造的，否则生命将不会受到尊重，而且可能随意毁坏生命。况且，克隆人与真实的人完全不同，基因编码可以复制，但真实的人格和情感无法

克隆。克隆会使人的不可重复性和不可替代性的个性规定，因大量复制而丧失了唯一性，丧失了自我及其个性特征的自然基础和生物学前提。

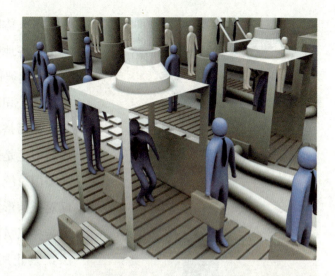

伦理学家尤其强烈地反对克隆人工程，他们认为克隆人还将对现有的社会关系、家庭结构造成巨大冲击。另外，克隆人的身份难以认定，使人伦关系发生模糊、混乱乃至颠倒，进而冲击传统的家庭观以及权利与义务观。克隆人还可能因自己的特殊身份而产生心理缺陷，形成新的社会问题。

现今支持克隆人的一个观点是，克隆人可以解决无法生育的问题。但也有反对者马上提出：一个没有生育能力的人，克隆的下一代还会没有生育能力。被克隆的人虽然很优秀，但克隆出的人除血型、相貌、指纹、基因和本人一样外，其性格、行为可能完全不同。在克隆人研究中，如果出现异常，有缺陷的克隆人不能像克隆的动物一样被随意处理掉，这也是一个问题。因此在目前的环境下，不仅是观念、制度，包括整个社会结构都不知道怎么来接纳克隆人。尽管如此，克隆技术的巨大理论意义和实用价值还一直促使科学家们加快研究的步伐——克隆技术犹如原子能技术，是一把双刃剑，而剑柄掌握在人类手中。

相关链接

2001年11月，美国先进细胞技术公司宣布，该公司首次用克隆技术培

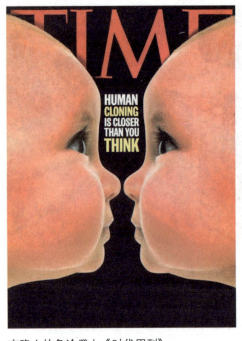

克隆人的争论登上《时代周刊》

育出了人体胚胎细胞。这一消息在世界各地引起轩然大波，反对之声此起彼伏。

虽然该公司称他们的目的不是克隆人，而是利用克隆技术治疗疾病，但还是遭到众多批评。当时的美国总统布什表示，百分之百反对任何形式的人类克隆。美国国会参议员则称，将会很快通过法案禁止所有克隆人研究。巴西、德国、意大利等国和欧盟的发言人也均对此发表反对意见，认为科学研究不应超过伦理界限，有必要加强立法。

不过，美国参议院多数党领袖达施勒的态度比较中立，他建议国会应该把生殖性的克隆实验和治疗性的克隆区分开来。

世界上第一头克隆羊"多莉"的创造者之一维尔穆特赞同这一建议。维尔穆特一直反对克隆人，他认为，先进技术细胞公司更可能是出于商业目的，而不是技术上的考虑，从科学成就上来说，他们取得的不过是个小突破。

在科学界内，不少生物学家对这一做法则嗤之以鼻，认为这一实验结果没有科学意义，而且是对生物伦理的严重挑衅。法国国家动物克隆专家让·保罗·勒纳尔表示，先进细胞技术公司所使用的方法，实际上就是克隆多莉羊的方法，而且美国科学家仅获得含有6个细胞的人类早期胚胎远不能满足需要。

美国生物伦理学家麦吉博士甚至怀疑先进细胞技术公司宣布的真实性，因为实验的很多细节还没有公开。

# 《第六日》——电影中的克隆人

电影《第六日》讲述的是，未来的世界里，所有动物包括宠物都可以被复制，但克隆人类仍是非法的行为。为了避免造成世界的混乱，人们订立了"第六日法令"。剧中男主角亚当·吉布森是一名平凡的直升机驾驶员，有一天他从一件几乎让他丧命的意外中生还，回到家竟然发现一个和他长得一模一样的人出现在他家里，并取代了他的男主人位置，连他的家人都毫不知情。

原来有人违反"第六日法令"克隆了人类，亚当必须想办法夺回他亲密的家人，保护妻子、孩子以及他自己的人生，于是乎一场惊天动地的亡命旅程就此展开。最后他发现一个可怕的事实，原来是一群克隆人试图要取代这个人类掌控的世界。

这是一部科幻惊险片，但影片编剧认为他们的这个故事会发生在二三十年之后。因为，当影片正式投拍之前，有关克隆的消息已经满天飞：小羊多莉已经克隆成功，还有许多克隆成果和克隆计划都与本片故事十分相似。当高科技不仅符合了艺术家的科学幻想，而且在许多方面还有所超越时，人类开始了迷惘和恐惧，进退两难。整部电影充满了未知的未来感。男主角取名亚当，似乎也影射了上帝造人的意思。因为按圣经上所说，上帝在第六天造亚当，因而影片片名为《第六日》。

# 微观革命
## ——纳米技术

纳米（符号为nm），也称毫微米，就是十亿分之一米，即百万分之一毫米。与厘米、分米和米一样，纳米也是长度的度量单位。1纳米相当于4倍原子大小，万分之一头发粗细——形象地讲，一纳米的物体放到乒乓球上，就像一个乒乓球放在地球上一般。一般情况下，当固体或纤维小于100nm时，即达到了纳米尺寸，即可称为所谓"纳米材料"。

纳米材料具有传统材料所不具备的奇异或反常的物理、化学特性，如原本导电的铜到某一纳米级界限就不导电，原来绝缘的二氧化硅、晶体等，在某一纳米级界限时开始导电。科学家们在研究物质构成的过程中，发现在纳米尺度下分离出的物质，显著地表现出许多新的特性，而利用这些特性制造具有特定功能设备的技术，就称为纳米技术（nanotechnology）。

经过科学家的研究和努力，"纳米"已不再是冷冰冰的科学词语，纳米技术已走出实验室，渗透到人们的衣、食、住、行中，悄悄地改变、影响着人们的生活。

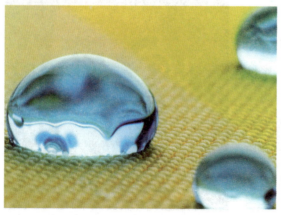

传统的涂料耐洗刷性差，涂刷一段时间后墙壁就会变得斑驳陆离。现在有了加入纳米技术的新型油漆，不但耐洗刷性比传统材料提高了十多倍，而且有机挥发物极低，无毒

无害无异味，有效解决了建筑物密封性增强、有害气体不能尽快排出的问题。

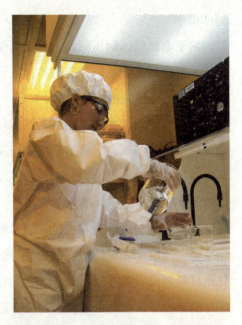

人体长期受电磁波、紫外线照射，会导致各种发病率增加或影响正常生育。现在，加入纳米技术的高效防辐射服装——高科技电脑工作装和孕妇装已经问世。科技人员将纳米大小的抗辐射物质掺入到纤维中，制成了可阻隔95%以上紫外线或电磁波辐射的"纳米服装"，而且不挥发、不溶水，持久保持防辐射能力。同样，化纤布料制成的衣服因摩擦容易产生静电，在生产时加入少量的金属纳米微粒，就可以摆脱烦人的静电现象。

白色污染也遭遇到"纳米"的有力挑战。科学家将可降解的淀粉和不可降解的塑料通过特殊研制的设备粉碎至"纳米级"后，进行物理结合。用这种新型原料，可生产出100%降解的农用地膜、一次性餐具、各种包装袋等类似产品。专家评价说，这是彻底解决白色污染问题的实质性突破。

以纳米技术制造的电子器件，其性能大大优于传统的电子器件。纳米电子器件的工作速度是硅器件的1 000倍，因而可使产品性能大幅度提高。而纳米电子器件的功耗仅为硅器件的1/1 000。在一张不足巴掌大的5英寸光盘上，至少可以存储30个北京图书馆的全部藏书。纳米材料体积小、重量轻，可使各类电子产品体积和重量大为减小。

纳米金属颗粒易燃易爆，几个纳米的金属铜颗粒或金属铝颗粒，一遇到空气就会产生激烈的燃烧，发生爆炸。因此，纳米金属颗粒的粉体可用来做成烈性炸药，做成火箭的固体燃料还可产生更大的推力。用纳米金属颗粒粉体做催化剂，可以加快化学反应速率，大大提高化工合成的产出率。

纳米金属块体耐压耐拉，将金属纳米颗粒粉体制成块状金属材料，强度比一般金属高十几倍，又可拉伸几十倍。用来制造飞机、汽车、轮船，重量可减小到原来的十分之一。

纳米陶瓷刚柔并济，用纳米颗粒粉末制成的纳米陶瓷具有塑性，为陶瓷业带来了一场革命。将纳米陶瓷应用到发动机上，发动机摩擦系数大幅下降，散热能力加强的同时，延长了发动机的使用寿命，而且还能减少污染物的排放，是新一代绿色产品。

纳米氧化物材料五颜六色，纳米氧化物颗粒在光的照射下或在电场作用下能迅速改变颜色。用它做士兵防护激光枪的眼镜非常适合。将纳米氧化物材料做成广告板，在电、光的作用下，效果会更加绚丽多彩。

纳米半导体材料可以发出各种颜色的光，可以做成小型的激光光源，还可将吸收的太阳光中的光能变成电能。用它制成的太阳能汽车、太阳能住宅有巨大的环保价值。用纳米半导体做成的各种传感器，可以灵敏地检测温度、湿度和大气成分的变化，在监控汽车尾气和保护大气环境上将得到广泛应用。

用纳米药物治病救人时，把药物与磁性纳米颗粒相结合，服用后，这些纳米药物颗粒可以自由地在血管和人体组织内运动。再在人体外部施加

磁场加以导引，使药物集中到患病的组织中，药物治疗的效果会大大提高。同时还可利用纳米药物颗粒定向阻断毛细血管，"饿"死癌细胞。纳米颗粒还可用于人体的细胞分离，也可以用来携带DNA治疗基因缺陷症。目前已经用磁性纳米颗粒成功地分离了动物的癌细胞和正常细胞，并在治疗人的骨髓疾病的临床实验上获得成功。

在纳米的世界中，人们按照自己的意愿，自由地剪裁、构筑材料，这一技术被称为纳米加工技术。纳米加工技术可以使不同材质的材料集成在一起，它既具有芯片的功能，又可探测到电磁波(包括可见光、红外线和紫外线等)信号，同时还能完成电脑的指令，这就是纳米集成器件。将这种集成器件应用在卫星上，可以使卫星的重量、体积大大减小，发射更容易，成本也更经济。

纳米技术大力发展的同时，其安全性问题也不可忽视。因为材料在变成纳米级过程中物理、化学性质发生变化，比常规物质更容易穿透各种屏障，甚至透过生物体的皮肤、细胞膜，进入组织器官内部。如果生产和使用过程中操作不当，纳米材料有可能污染环境、危害健康。有研究结果显示，部分人造纳米材料具有毒性，可能会引起氧化刺激、炎症反应、心肺血管系统及其他组织器官的损害。因此，在发展纳米技术的同时，必须同步开展其安全性研究，使其成为安全造福人类的新技术。

# 现代化的多面手
## ——新型陶瓷

陶瓷有着古老的历史，早在公元前10世纪，人类就开始利用它制作生活用具。近年来，由于陶瓷纯度的不断提高和制造工艺的日臻完美，陶瓷又成为具有电磁功能、光学功能、热功能、机械功能及生物化学功能的新型材料，在各个领域中得到广泛的应用，堪称现代化的多面手。

### 韧性陶瓷

经过特殊工艺处理制成的韧性陶瓷，除了可以去掉普通陶瓷的脆性之外，还具有强度大、硬度高、不怕化学腐蚀等优点。因此，应用范围更加广泛。韧性陶瓷可以用来制作切菜刀、剪刀、螺丝刀、榔头、锯、斧头等日用工具，坚硬程度不亚于钢铁制品，而且不会带铁锈味和磁性，更适宜切各种生吃食物和熟食。

采用韧性陶瓷制造的发动机体积小、重量轻、热效率高，用同样的燃料可以使汽车多跑30%的路程，是一种有效的节能型发动机。

### 压电陶瓷

压电陶瓷是一种具有能量转换功能的陶瓷，在机械力的作用下发生形变时，会引起表面带电。其带电强度的大小，

轻盈美观的陶瓷刀具，坚硬程度也不亚于钢铁制品。

可以和施加电场的强度成正比，也可以
成反比。因此，能够在各个领域中得到
广泛应用。

　　生物医学工程是压电陶瓷应用的重要领域。可以用它来制作探测人体
信息的压电传感器和进行压电超声治疗。当压电陶瓷发出的超声波在人体
内传输时，体内的不同组织对超声波有不同的发射和透射作用。反射回来
的超声波经压电陶瓷接收器转换成电信号并显示在屏幕上，据此就可以检
查内脏组织的情况，判断是否发生病变。进入人体的超声波达到一定强度
时，能使组织发热并轻微震动。这种作用可以对一些疾病起到治疗作用。

　　由于压电陶瓷的敏感性很强，能精确地测量出微弱的压力变化，人们
用它来制造地震测量装置是非常适合的。地震波经过压电陶瓷的作用，可
以感应出一定强度的电信号，并在屏幕上显示或以其他形式表现出来。同
时，压电陶瓷还能够测定声波的传播方向。所以，用来测定和报告地震十
分精确。

　　利用压电陶瓷制造的电子振荡器和电子滤波器，频率稳定性好、精度
高、使用寿命长，特别是在多路通信设备中能提高抗干扰性。用压电陶瓷
可以制成声波探鱼仪，在水中能发出很强的声波并传至远距离之外，可以

有效地探测鱼群的分布情况、规模、种类以及其他有关的资料，是捕捞作业的得力助手。

在现代军事作战中，压电陶瓷也可以发挥巨大的威力。在反坦克导弹上装上压电陶瓷元件会缩短引爆时间，增加引爆的精确性。当炮弹击中坦克时，陶瓷因受到压力而产生高电压，从而引燃炸药。压电陶瓷在非常强的机械冲击波的作用下，还可以将储存的能量在几十万分之一秒的瞬间里释放出来，产生的瞬间电流达10万安培以上的高压脉冲，用来进行原子武器的引爆十分理想。

### 低温陶瓷

低温陶瓷是一种在液氮沸腾状态下制成的陶瓷制品，有着广泛的应用领域。低温陶瓷可以用于电脑，使运算速度大幅度提高，用于电视机可令图像更清晰，如果制作成录像机磁头，其寿命为普通磁头的5倍，所录制的影片的清晰度也很高。此外，在金属加工中，低温陶瓷还可以替代金刚石刀具来进行金属切削。用低温陶瓷制成的新型蓄电池，储电量可以比一般蓄电池高出许多倍。

### 陶瓷纸

陶瓷纸具有优异的透气性、吸湿性、耐磨性和耐热性，能够在急冷、巨热的情况下正常使用。同时，还具有良好的绝缘性、隔热性和耐腐蚀性能，现已为电子工业、材料工业以及自动化工程中不可缺少的材料。陶瓷纸的耐热温度高达1 200℃—1 600℃左右，可以作为高温机械的衬垫、填料、密封环、挡

新型蓄电池

热板使用。波纹陶瓷纸浸满氯化锂之后，可以作为热交换器中的热交换片，能够在空调器生产中广泛采用。

利用陶瓷纸具有的强度高、耐磨好的特点，可以制作多种型号的研磨纸，既经久耐用，又可以减少对环境的污染，是新一代研磨材料。陶瓷纸还可以叠合起来，制成刹车片、摩擦片，用于汽车、机床工业中。利用陶瓷纸还可以制成半导体，特种电阻、电容、压电元件等多种电子元件及传感器、印刷电路板等。

用矾土、碳化硅陶瓷纸制成的玻璃钢制品，具有强度高、耐热性好等特点；用矾土硅酸盐陶瓷纸制成的滤膜，能够在高温下处理废气、废液，是新一代过滤材料。此外，用陶瓷纸制成的绝缘带、扬声器、话筒及抗高温容器，也都具有新奇的功能，引起人们的极大关注。

### 多孔陶瓷

多孔陶瓷，又称为微孔陶瓷、泡沫陶瓷等，具有均匀分布的微孔，体积密度小，有着三维立体网络骨架结构且互相贯通的特点。多孔陶瓷在气体、液体过滤、净化分离、化工催化载体、高级保温材料、生物植入材料、吸声减震和传感器材料等许多方面都有广泛的应用。

# 科技冲击波
## ——超导技术

　　1911年，荷兰科学家昂内斯用液氦冷却水银，当温度下降到4.2K(相当于-269℃)时发现水银的电阻完全消失了，出现了"零电阻"现象。由于没有一丝一毫的电阻，因而电量能从其中毫无阻碍的穿过，这种现象被称为超导电性。1933年，迈斯纳和奥克森菲尔德两位科学家发现，如果把物体放在低温磁场中冷却，在其电阻消失的同时，也开始排斥磁场，这种现象被称为抗磁性。零电阻和完全抗磁性是超导体具有的两个基本特性。

　　具有超导性质的材料叫做超导材料。超导材料是当今新材料领域中一个十分重要的组成部分，超导材料的发现是20世纪物理学的一项重大成就。由于物体电阻的消除，使能量可以在穿过其中时不发生热损耗，电流可以毫无阻力地在导线中形成强大的电流，产生强大的磁场。超导材料的应用为人类展现出一个前景十分广阔的领域，并将会对人类社会发展产生深远的影响。经过科学家们数十年的努力，超导材料的磁电障碍已被跨越，下一个难关是消除温度障碍，寻求高温超导材料，即摆脱原有的低温冷却才能产生超导现象的束缚。

　　1973年，人们发现了超导合金——铌锗合金，其临界超导温度为23.2K（相当于-249.95℃），该记录保持了13

**超导现象**

　　超导体会排斥磁场，这使得小块磁铁能够漂浮在大块的超导体上。

年。1986年，设在瑞士苏黎士的美国IBM公司的研究中心报道了一种氧化物具有35K的高温超导性，引起世界科学界的轰动。此后，科学家们争分夺秒地攻关，几乎每隔几天，就有新的研究成果出现。在1986—1987年的短短一年多的时间里，临界超导温度竟然提高了100K以上，这在材料发展史，乃至科技发展史上都堪称是一大奇迹。高温超导材料的不断问世，为超导材料从实验室走向应用铺平了道路。

自高温超导体被发现以来，超导体的研究取得巨大进展，使全世界经受了一次"科技冲击波"的冲击。高温超导体研究将为未来一代新技术应用描绘美好的蓝图。超导体在信息系统和兵器领域的应用前景十分激动人心；超导体在交通领域越来越广泛的应用更加与人们息息相关；高温超导体为人类奉献大量能源的设想是人类长期以来的梦想。

利用超导材料制成的仪器可以探测很微弱的磁场，因而可侦察遥远的目标，如潜艇、坦克的活动。而超导体开关对某些辐射非常敏感，可探测微弱的红外线辐射，为军事指挥作出正确判断并提供直接的依据，为探测天外飞行器，如卫星或宇宙不明飞行物提供高灵敏度的信息。

使用超导材料制作计算机元件可使计算机的体积大大缩小，功耗显著降级，运用超导数据处理器可以使计算机获得高速处理能力，其速度是现有大型电子计算机运算速度的15倍。

用超导技术制成的核潜艇的超轻型推进系统能使核潜艇的速度和武器装载量增加一倍，而核潜艇的自身重量减小一半，可谓一举两得；火箭发射的初期必须在发射架上滑行，由于机械接触，速度越快，振动越激烈，容易损坏发射架，因此必须限制火箭的发射速度。而利用超导抗磁性产生的悬浮技术，使火箭通过电线圈沿轨道发射，可以产生强大的电磁力，从而使火箭全速升空。

超导磁悬浮列车是人们最早想到的超导技术应用。20多年前人们就设想利用超导技术制造悬浮列车，实现铁路运输的高速化。现在中国、日本、德国、俄罗斯、英国、法国等国都已制造成功陆地上最快的交通工具——超导悬浮列车，这种列车悬浮在超导"磁垫"路基上，时速高达

400km—500km，如从北京到上海只要3个多小时。

已经投入使用的电动汽车由蓄电池组和电动机组成。由于蓄电池的储电能力有限，所以此类汽车一次行程较短。利用高温超导体可以极大减少蓄电池的功率损失，提高储电容量，增加供电能力。这样，电动汽车将可能风行世界，对减少大气污染和简化汽车结构，无疑将是十分有利的。

超导电车的设想是，将超导材料制成的超导电缆埋于道路表层，在电车底部安装若干个超导线圈，当电车沿道路行驶时，由于电磁感应使超导线圈产生感应电流，从而推动电车行进。这种既无架空线，又无轨道，且电力耗损极小的超导电车将极大扩展电车的使用范畴，特别是在高速公路上。利用超导技术设计的电磁推进船，完全改变了现有船舶的推进机构。电磁推进船既没有回转部分，又无需使用螺旋推进器，只需改变超导磁场的磁感应强度或电流强度，就可以变换船舶的航行速度。

此外用超导材料制成的超导发电机、超导变压器能极大地减少能源损耗，提高能源使用效率，可以在电力领域为人类提供更多的能源。

磁悬浮列车

# 神秘的纽带
## ——光纤

　　光纤是光导纤维的简写，它比头发丝还要细，是一种利用光在玻璃或塑料制成的纤维中的全反射原理而达成光传导的工具。

　　光导纤维在20世纪20年代就研制出来了，是用超纯石英玻璃在高温下拉制而成的，有很好的光导能力。但是，由于传输过程中能量衰减太大，因此没有实用价值。1966年，英籍华人高琨博士发表了一篇著名的论文，首次提出：解决玻璃纯度和成分问题，就能够得到光传输衰减很小的玻璃纤维。1970年。美国康宁玻璃公司首先拉制成功第一根石英玻璃光导纤维，并大大降低了能量在光纤中的衰减。到了90年代人们研制出了衰减率更低的氟化物玻璃纤维，这种高纯度氟化物玻璃光导纤维的传输能力也十分强，一次传送距离能长达4 800公里。

　　光导纤维的结构呈圆形，外层裹有低折射率的包层，最外面是塑料护套。特殊的材料，使光导纤维纤细似发，柔顺如丝，又具有高抗拉强度和

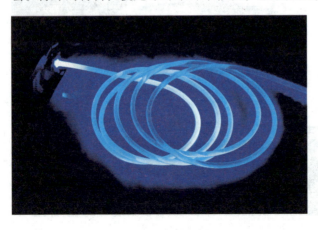

大抗压能力。光导纤维的特性决定了其广阔的应用领域。由光导纤维制成的各种光导线、光导杆和光导纤维面板等，广泛地应用在工业、国防、交通、通讯、医学和

宇航等领域。

　　光导纤维可以传输声音、图像和文字等信息。它的传导性能良好，适应高低温环境，抗电磁干扰，耐放射性辐射。光波在光导纤维中传播不向外辐射电磁波，有极高的保密特点。光导纤维传输的信息容量大，信息在光导纤维中以光速传送，速度无与伦比。光通信比电通信的容量要提高1亿—10亿倍，一根光导纤维能同时传输100亿个电话或1 000万套电视节目，容量之大，难以想象。

　　用光导纤维做成的内窥镜又软、又细、又能弯曲，当它被插入病人胃里时，病人不会有痛苦。除了胃，光纤内窥镜还可以用于

光纤圣诞树

食道、直肠、膀胱、子宫等深部探查。光纤内窥镜一方面可用来检查病人的脏器是否有病变，更主要的是可以将激光能量输入体内脏器中，对病变组织进行照射，或者加以切除，起到手术刀的作用。用光导纤维连接的激光手术刀目前已在临床应用。在照明和光能传送方面，光导纤维也大有可为。人们可利用塑料光纤光缆传输太阳光作为水下、地下照明。由于光导纤维柔软易弯曲、变形，可做成任何形状，以及耗电少、光质稳定、光泽柔和、色彩广泛，是未来的最佳灯具，如与太阳能的利用结合将成为最经济实用的光源。今后的高层建筑、礼堂、宾馆、医院、娱乐场所，甚至家庭可直接使用光导纤维制成的天花板或墙壁，以及彩织光导纤维字画等。光纤还可用于道路、广场等公共设施及商店橱窗广告的照明。此外还可用于易燃、易爆、潮湿和腐蚀性强的环境中以及不宜架设输电线及电气照明的地方作为安全光源。

　　在国防军事上，光导纤维也有广泛的应用空间。人们可以用光导纤维

来制成纤维光学潜望镜，装备在潜艇、坦克和飞机上，用于侦察复杂地形或深层屏蔽的敌情。

在工业方面使用光导纤维，可传输激光进行机械加工；制成各种传感器用于测量压力、温度、流量、位移、光泽、颜色、产品缺陷等；也可用于工厂自动化、办公自动化、机器内及机器间的信号传送、光电开关、光敏元件等。

此外，光导纤维还可用于火车站、机场、广场、证券交易场所等大型显示屏幕；短距离通讯和数据传输；将光电池纤维布与光导纤维布巧妙地结合在一起制成夜间放光的夜行衣，不仅为夜行人起照明作用，还可提高司机的观察视距，能够有效地减少交通事故的发生。

 相关链接

## 光纤摄像头机器人

著名的埃及胡夫金字塔上有一段令人生畏的铭文："不论是谁骚扰了法老的安宁，死神之翼将在他的头上降临。"

2002年9月17日埃及当地时间凌晨2时，由美国国家地理学会组织的考古学家借助最先进的"金字塔漫游者"机器人突破"死神之翼"进入了胡夫金字塔——这个世界上最大的地上陵墓，这也是人类第一次深入窥探金字塔内部。

据介绍，考古学家控制一个特制的机器人从胡夫金字塔入口处沿着一条向上的通道爬行大约210英尺，来到一间几千年来从未使用过的房间——王后墓室，然后，机器人将沿着王后墓室内两个秘密通道的其中之一继续前行，到达一扇带着两个铜把手的石门——"阻路石"处，那里曾是

10多年前科学家们无奈止步的地方。机器人将用高分辨率光纤摄像探头，探究"阻路石"背后的秘密。

本次考古直播中最引人注目的"主角"就是"金字塔漫游者"了，由于密室通道的容积很小，一般人是进不去的，所以考古学家们只有动用微型机器人。"金字塔漫游者"配备精良，具有多种探测手段，包括高清晰的光纤摄像探头、探地雷达、厚度测距仪和极其精确的传感设备等。据了解，"金字塔漫游者"体积非常小，只有5英寸高、1英寸宽。它身上携带的地面探测雷达能穿透3英寸宽的混凝土和穿透更远距离的金字塔渗水石灰石，它携带的超声波传感器还能测出石头的厚度。

在这次考古活动中，"金字塔漫游者"的行进路线经过了科学的设定，它甚至像坦克一样具有双面履带，即便是摔倒后仍能调整姿势继续前进。这次探测以"金字塔漫游者"用高分辨率光纤摄像头在石门后方探测到了另一道石门而暂告结束，但是可以肯定的是光纤摄像头机器人必将在以后的金字塔探测中继续扮演重要角色。同类型的机器人也曾在"9·11"事件后，世贸大楼搜救行动中扮演重要角色。

# ❧ 最 亮 的 光 ❧
## ——激光

　　激光是20世纪以来，继原子能、电脑、半导体之后，人类的又一重大发明，被称为"最快的刀"、"最准的尺"、"最亮的光"。激光的最初中文名叫做"镭射"、"莱塞"，是它的英文名称laser的音译，是取自英文Light Amplification by Stimulated Emission of Radiation的各单词的头一个字母组成的缩写词。意思是"受激辐射的光放大"。激光的英文全名已完全表达了制造激光的主要过程。

　　激光的原理早在1916年已被著名的物理学家爱因斯坦发现，但是直到1958年激光才被首次成功制造。激光是在有理论准备和生产实践迫切需要

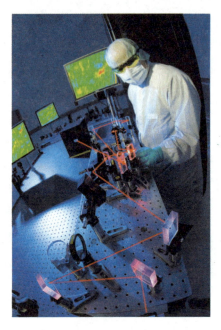

的背景下应运而生的，它一问世，就获得了异乎寻常的飞快发展，激光的发展不仅使古老的光学科学和光学技术获得了新生，而且在科学技术领域内的应用前景更是不可限量。激光对自然科学领域的渗透和影响，促进了各个学科的发展，并促成许多新学科的形成。可以说，激光技术是现代科学技术中最为活跃的领域之一。

　　激光是迄今为止人类所见到的，包括自然界中的光源所发射的光中最亮的光。它的亮度为太阳光的50亿

倍。普通的光源是向四面八方发光的，激光则朝一个方向射出，光束的发散度极小，几乎接近平行。把激光从地球射到距我们38万公里的月球上，也只是一个直径为几公里的光斑。而且由于激光的亮度很高，在地球上可以接收到从月球上反射回来的激光，用它测量地球和月球之间的距离，误差仅为几厘米。激光的能量并不算很大，但是由于它的作用范围很小，使得它的能量密度很大，短时间里可以聚集起大量的能量。

激光的特性和电子学、电脑以及和新的光学材料结合起来为激光在高科技许多方面的应用开辟了广阔的前景。激光技术已成为高技术的主要构成部分之一。

利用激光能量在时间和空间上的高度集中可以对各种材料进行打孔、焊接、切割等。与机械方法相比，激光加工速度快、质量好，大大提高了工作效率。而且与机械加工不同，激光加工可以做到清洁无污染。

激光切割是激光加工的一种重要形式。激光切割的切割线准确、细致，切割后边缘直、质量好。随着电子工业的飞速发展，在一块不大的半导体基片上要做成许多个集成电路，若想准确无误地将它们分割开来，激光正是最理想的划片工具。在加工工艺中，激光还有许多用处。例如金属材料经激光热处理后，可提高硬度、耐磨能力和抗蚀能力，效果比普通热处理好得多。

在信息工程中，激光广泛应用于激光通信、激光信息储存、激光打印、激光复印、激光印刷、激光电视、激光大屏幕立体显示、证券核实与识别、指纹检验与核实、激光图像处理等方面。激光光盘可以用作电脑的大容量存储系统。由于光盘存储器比较便宜、耐用、信息量大，因而在电脑应用上已经普及。激光通信的信道容量大、传送路数多，它至少可以容纳几十亿个通信线路或者同时播送近一千万套电视节目，这是过去任何一种通信工具都不能达到的。未来光通信将是现代化城市内和城市间通信的主要手段。

在医学领域激光技术也是大有可为。利用激光可以治疗近视眼、白内障等多种眼科疾病。激光治疗时间短、照射量小，因此病人无痛感也无须麻醉，而且安全可靠，痊愈期短。用激光治疗或与其他传统疗法配合使用，已能治疗或控制许多肿瘤和病症。在皮肤科，激光被用来治疗色素

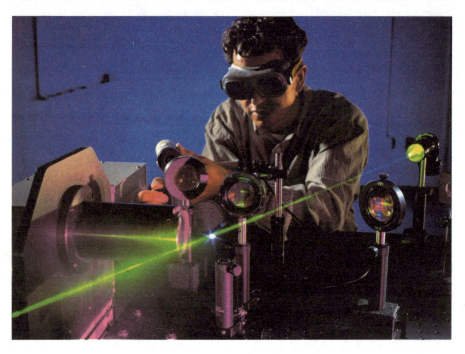

病、湿疹、皮炎等。在五官科，激光可用来切割扁桃体、耳鼻咽喉部血管瘤；用激光烧灼凝固治疗慢性鼻炎、鼻出血。激光还被用来辐射治疗急性扁桃体炎和进行消肿，促进组织再生，加速创伤愈合等。在牙科方面激光可以用来对牙齿施行钻孔与切割，缩短治疗时间并减轻病人痛苦。

外科中传统使用的器械是手术刀，近年来激光手术刀发展起来了。它是利用激光能量高度集中的特点，使组织汽化蒸发，从而达到分离切割的目的。用激光刀进行手术，操作方便，切口速度快，可烧灼伤口，从而阻止血液流失，对小血管有凝固封闭作用。所以在血管丰富的部位施行手术时，激光手术刀就显现出它的优越性。使用激光手术刀还有杀菌作用，能防止感染和阻止恶性细胞转移。

人们对光能的破坏作用早就有了认识。例如用透镜将太阳光聚集起来，就可以在焦点处获得高温，使一些物体燃烧、熔化。由于普通光源的亮度不高，所以要利用光能进行破坏作用只能在很近的距离内，范围也很小。激光器出现后，光武器的设想才有了实现的可能。激光可作为反导弹武器，就是在侦察到敌人发射导弹后用激光截击，使导弹在途中即被破坏，免除其威胁。反导弹所用激光以光速传播，比具有高速度的反弹道导弹还要快几万倍，敌方几乎没有时间来探测和跟踪，因而很难逃避。激光的远程应用包括破坏人造地球卫星的光学装置，使其光学稳定系统、侦察装置损坏或失去作用。激光又可用来做近程战术武器，打击目标包括几公里到几十公里内的坦克、飞机和近程导弹等，形式可以是空对空、空对地、地对地、地对空、舰对空等，在其有效射程内准确性高、破坏力大。

激光还有许多方面的应用。在农业上，用激光按一定剂量、一定时间照射在作物种子的特定部位上，可以实现激光育种。激光育种安全、简便，照射后，可加速种子的发芽，提高发芽率，促使成熟加快，提高产量。在生物学研究中，用激光刀切割细胞已成为现实。在环境保护中，激光已成为监控大气污染的有效工具。激光技术给人们带来了巨大的效益，它将是各国在新技术革命中竞相发展的一个重要领域。

 相关链接

## 激光武器

过去，人们对激光武器前景的一次次预测似乎都被证明是过于乐观了，这让怀疑论者开始嘲笑激光武器，称它们"是属于未来的武器，而且永远属于未来"。激光武器一直都只是科幻小说中的主力武器。不过这一次，激光武器似乎真的要问世了。美国多家国防军工企业的工程师，已经成功完成了针对"激光炮"（laser cannon）系统关键部件的实验。这种卡车大小的激光武器适合配备在飞机、军舰及装甲车上，发射的光束可以在数千米以外摧毁目标。就算中间隔着灰尘和烟雾，激光炮仍然能够准确命中。与传统的击发式武器相比，这种高功率激光武器可以提供极为精准的光速打击能力，而且几乎不会给目标造成其他的附带破坏。

电影《星球大战》

　　激光器直接依靠电能运转，连接到车载发电机、燃料电池或电池组上之后，一台平均输出功率超过100千瓦的固态激光器，便会拥有近乎"无限"的弹药。利用这些廉价的"弹药"，激光武器可以在5 000米—8 000米以外，击毁来袭的迫击炮、弹片、火箭和导弹。这套系统还能让敌方的光电及红外线战场探测设备失效，并让步兵在安全距离以外执行排雷和引爆炸弹的任务。

　　实用激光武器的出现，不亚于一场战争革命。不过在现阶段，人们还无法利用激光技术，制造出柯克船长（Captain Kirk，美国科幻电视剧《星际迷航》中的角色）的激光手枪或者电影《星球大战》那把著名的激光剑。这些激光武器暂时仍无法从科幻迈入现实。

# 21世纪的最大挑战
## ——能源危机

能源是人类赖以生存发展的重要物质基础，是人类社会经济发展的原动力，也是人类现代文明的支柱之一。它的开发和利用状况是衡量一个时代、一个国家经济发展和科学技术水平的重要标志，直接关系到人们生活水平的高低。

随着人类社会的发展，现代社会的主要能源——石油，已经明显减少。据美国石油业协会估计，地球上尚未开采的原油储藏量已不足两万亿桶，可供人类开采时间不超过95年。在2050年到来之前，世界经济的发展将越来越多地依赖煤炭。其后在2250到2500年之间，煤炭也将消耗殆

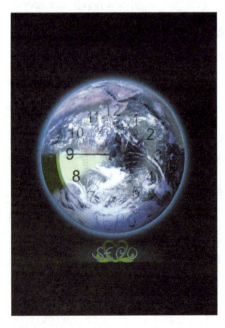

尽，矿物燃料供应枯竭。面对即将到来的能源危机，全世界认识到必须采取开源节流的战略，即一方面节约能源，另一方面开发新能源。

一些工业化国家都在采取节能措施，联合热电（又称"同时发热发电"）就是比较热门的话题之一。因为普通发电厂的能源效率只有35％，而多达65％的能源都作为热白白浪费掉了。联合热电就要将这部分热用来发电或者为工业和家庭供热，因此可使能源利用率提高到

85%以上，大大节约了初级能源。

"原煤气化发电"是领先于世界的清洁能源技术，世界第一套大型煤炭气化发电设施已于1994年在荷兰投入试运行。这套设施，可使能源效率达到43%—50%，而且基本不污染

西班牙的聚光太阳能发电系统

环境。据专家们估计，原煤气化技术可作为火力发电厂的发展方向，目前的电厂到2030年几乎将全部改成煤炭气化发电，到那时可使同样数量的煤发的电量增加一倍。欧洲能源委员会已经决定设立专项基金用于这一新技术的推广。

太阳能、地热能、风能、海洋能、核能以及生物质能等存在于自然界中的能源被称作"可再生能源"，由于这些能源对环境危害较少因此又叫做"绿色能源"。开发绿色能源是解决能源危机的重要途径。近年来，面对能源危机，许多国家都在大力研究和开发利用"绿色能源"的新技术新工艺，并且取得了相当可观的成就。目前"绿色能源"在全球能源结构中的比重已达到15%—20%，今后由石油、煤炭和天然气三种传统能源唱主角的局面将得到改善。

太阳能是一种资源丰富又不会污染环境的最佳能源。在哈拉雷举行的世界太阳能首脑会议上，会议主席曾说："我们的地球现在正受到环境污染、臭氧层破坏、温室效应、沙漠化和毁林的折磨。我们要取得可持续发展，必须解决这些问题。而可再生能源，特别是太阳能的开发和利用是解决能源危机和环境污染的可行性办法。"为了鼓励人们使用太阳能，世界各国都积极推出相关举措，如德国近两年开始推行家庭电站计划：居民们

购置一座功率较低的家庭太阳能电站设备，将太阳能电池板安装在自家屋顶上就可以了。电站所发的电力除了供一家一户使用外，剩余的部分还可输入到公共电网，由电力公司收购，因此家庭电站很受居民欢迎。

为了迎接未来能源危机的挑战，风能这一古老的能源又在很多国家和地区得到青睐，反映了当今国际电力发展的一个新动向。风力发电的技术状况以及实际运行情况表明，它是一种安全可靠的发电方式，随着大型机组的技术成熟和产品商品化的进程，风力发电成本将会降低，已经具备了和其他发电手段相竞争的能力。

风力发电不消耗资源，不污染环境，具有广阔的发展前景，和其他发电方式相比，它的建设周期短，装机规模灵活，筹集资金便利；运行简单，实际占地少，对土地要求低，在山丘、海边、河堤、荒漠等地形条件下均可建设。此外，在发电方式上还有多样化的特点，既可联网运行，也可和柴油发电机等组成互补系统或独立运行，这对于解决边远无电地区的用电问题提供了现实可能性。这些既是风电的特点，也是优势。

利用垃圾发电，既节约资源又保护了环境，是非常值得提倡的。除了开发"再生能源"之外，近年来有越来越多的研究人员把寻找新能源的目光落在了人们身边的垃圾和淤泥等废料上。日本的1 900个家庭生活垃圾焚烧场中，已有123个实现了垃圾发电；欧洲第一座废旧轮胎发电厂已经在英国的沃尔弗汉普顿建成并投产，这座工厂每年可用去800多万个废旧

轮胎，为英国废旧轮胎总数的1/4，电厂可满足2.5万个家庭的用电，并且还能生产锌等副产品；世界上第一座以鸡粪为燃料的发电站——英国的艾伊电站早在1993年10月就投入运转，有关专家认为，尽管鸡粪电站的发电能力比火力电站要小得多，但只要1 400万只鸡的鸡粪做燃料，其所发的电力就可供1.2万人用上一年。

科学家认为，目前世界上最有希望的新能源是核能。核能有两种：裂变核能和聚变核能。可开发的核裂变燃料资源可使用上千年，而核聚变资源可使用几亿年。

裂变核能至今已有了很大发展。裂变核电站及核电设备制造，在日本、法国、韩国等国已成为其能源工业的重要支柱。聚变能电站以氢的两种同位素氘和氚作为燃料。氘是天然同位素，在海水中含量极为丰富，其潜在储能可供人类使用几亿年，可谓取之不尽、用之不竭。除了燃料丰富的优点外，聚变能还有几个特点：燃料价格低廉，聚变核电站是一次性投资，燃料费用约占1%左右。与裂变核电站相比，聚变核电站的燃料几乎是不花什么钱的；不污染环境，运行安全可靠：聚变与裂变相比，其放射性是微乎其微的，它还消化裂变的污染源，几乎没有废料；核聚变还可直接转化成电能。专家认为它是人类最理想的能源。不过，受控核聚变尚有一个关键问题没有解决，那就是产生的能量尚不抵输入能量，聚变反应无法持续下去。只有当输出功率超过输入功率时受控核聚变才有实用价值。这时受控核聚变不但可以靠自己释放的能量得以维持，而且会释放出额外的能量。目前，包括位于英国牛津郡阿宾登的联合欧洲环、美国普林斯顿大学的热核聚变实验反应堆等在内的实验室都在努力突破这一临界值。如果这一目标得以实现，那么人类将获得一种取之不尽的清洁能源。

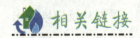
相关链接

2009年的"地球一小时"是一项全球性的行动。2009年3月28日晚8

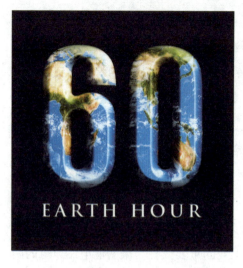

时30分至9时30分，全球24个时区、80多个国家、近3 000座城镇、约10亿人，通过关闭部分建筑灯光、家庭灯光参加了一场由世界自然基金会发起的"地球一小时"熄灯接力活动，旨在引起人们对气候变化的警惕，畅导公众树立节能减排的环保理念。全球300多个地标性建筑，如纽约的百老汇剧院、帝国大厦、克莱斯勒大厦，北京的"鸟巢"体育场和水立方，巴黎的埃菲尔铁塔，埃及的吉萨金字塔，伦敦的白金汉宫和议会大厦等，都先后熄灭璀璨的灯光，以"朴素"外表伫立在夜空下，共同打造最美丽的"黑暗时刻"。

一小时不开灯，其实并不能节省太多能源。但"熄灯"的意义，恰恰是用一种最直接的方式，让公众体验能源紧缺对生活的影响，或者说是感受能源危机。

## 核能之光

1942年12月2日，在美国芝加哥大学体育场西看台底下的一个网球厅内，著名科学家恩里科·费米领导一批科学家，聚精会神地操纵着一座由40吨天然铀短棒和385吨石墨砖构成的庞然大物。下午3点25分，启动运行成功。

这个庞然大物，就是世界上第一座人工核反应堆。虽然从反应堆发出的功率只有0.5瓦，还不足点亮一盏灯，但其意义非同小可——它标志着人类从此进入了核能时代。

1896年，法国物理学家贝克勒尔通过大量实验，发现铀会无休止地放出看不见的神秘射线，铀所具有的这种神奇本领，就叫放射性。

放射性的发现，引起科学家居里夫人的极大注意。她经过4年的苦战，终于在1902年，从几十吨沥青铀矿中提炼出了不到0.1克的另一种放射性元素镭。天然放射性元素放出三种看不见的射线，它们是 α 射线，即氦原子核；β 射线，即高能电子；γ 射线，即高能光线。射线是可以防护的，对不同的射线可以采用不同的防护方法，例如用一张纸就可以挡住 α 射线。

在居里夫人发现镭以后不久，物理学家卢瑟福就指出，放射性元素在释放看不见的射线后，会变成别的元素，在这个过程中，原子的质量会有所减轻。那么，这些失踪了的质量到哪里去了呢？科学家爱因斯坦1905年在提出相对论时指出，物质的质量和能量是同一事物的两种不同形式，质量可以消失，但同时会产生能量。两者之间有一定的定量关系：转化成的能量E等于损失的质量m乘以光速c的平方，$E=mc^2$。极小量的质量可以转化为极大的能量。当较重的原子核转变成较轻的原子核时会发生质量亏损，损失的质量转换成巨大的能量，这就是核能的本质。

1938年，德国科学家奥托·哈恩和他的助手斯特拉斯曼在居里夫人的实验基础上，发现了核裂变现象。他们发现，当中子撞击铀原子核时，一个铀核吸收了一个中子可以分裂成两个较轻的原子核，在这个过程中质量发生亏损，因而放出很大的能量，并产生两个或三个新的中子。这就是举世闻名的核裂变反应。在一定的条件下，新产生的中子会继续引起更多的铀原子核裂变，这样一代代传下去，像链条一样环环相扣，所以科学家将其命名为链式裂变反应。

链式裂变反应释放的核能叫做核裂变能。如果加以人为的控制，在铀的周围放一些强烈吸收中子的"中子毒物"（主要是硼和镉），使一部分中子还没有被铀核吸收引起裂变，就先被"中子毒物"吸收了，这样就可以使核能缓慢地释放出来。实现这种过程的设备叫做核反应堆。

核能是20世纪出现的新能源，核科技的发展是人类科技发展史上的重大成就。核能的和平利用，对于缓解能源紧张、减轻环境污染具有重要的意义。目前，核裂变能已经为人类提供了总能耗的6%。而当将来利用轻原子核的聚变反应产生的核聚变能得到工业应用后，人类将从根本上解决能源紧张的问题。核聚变能是两个轻原子核结合在一起时，由于发生质量亏损而放出的能量。核聚变的原料是海水中的氘（重氢）。早在1934年，物理学家卢瑟福、奥利芬特和哈尔特克就在静电加速器上用氘—氘反应制取了氚（超重氢），首次实现了聚变反应。尽管海水里的氘只占0.015%，但由于地球上有巨大数量的海水，每升海水中所含的氘通过核聚变反应产生的能量相当于300升汽油燃烧所放出的能量，所以可利用的核聚变材料几乎是取之不尽、用之不竭的。这些氘通过核聚变释放的聚变能，可供人类在很高的消费水平下使用50亿年。而且，核聚变能是更为清洁的能源。当前，科学家正在为此而不懈地努力。

# 取之不尽，用之不竭
## ——海洋资源开发

　　20世纪60年代以来，随着海洋调查技术的发展，人类对海洋资源的开发利用进入新时期。有人预言，到21世纪中叶，世界经济将全面进入海洋经济时代。

　　随着陆地油气资源的逐步减少甚至枯竭，海洋特别是深海开发石油、天然气已成为世界油气工业发展的重要趋势之一。在海底蕴藏着的大量石油，占世界石油储量的45%；蕴藏的天然气总量占世界天然气储量的50%。1938年美国首次采用固定平台采油，之后又发明了座底式钻井船和自升式钻井平台，使近海石油开采进入正轨。近几十年来，海洋油气开发使新的海洋产业发展迅速，并已成为当代海洋开发的龙头。目前全世界有100多个国家或地区从事海洋油气勘探开发，区域遍布除南极以外的世界各个近海。

　　地球上发现的111种化学元素，在海水中已找到92种，其中，有些元素的含量极大，如海盐，如果把全部海水蒸发干，则留在海底的盐的厚度可达57—60米；有些元素的含量极小，如每吨海水中只有3毫克铀，但整个海洋中的铀含量则高达40亿吨，是陆地上的储量的4 000多倍。在一些国家，近海浅水区域的采矿已进行多年。如斯里兰卡的锡、南非沿岸的金

刚石等，都已具有一定的开采规模。溴被称为"海洋元素"，地球上99%
以上的溴都在海里，全世界所用的溴绝大部分是从海水中提取的。海水提
镁也有50多年的历史。目前世界海水镁砂产量占全部镁砂产量的1/3。

海洋捕捞航海技术的发展使远洋捕捞船队日趋壮大。电脑和自控装置
已用于渔船。各种探鱼仪、定位仪等已被大量使用，有的可探距离达6 000
米，水深达3 000米。这些高科技产品大大提高了捕捞量。捕捞采用系统
化作业，调查、捕捞和运输充分协调。大型捕捞船就像一座海上工厂，捕
获物可在船上冷冻，甚至可立即加工成各种成品或半成品。目前世界各国
每年从海洋中捕捞的水产品已达8 000多万吨。

海水养殖配合海洋生态保护，可在有限的海域获得更多的海产品。放
牧式的海水养殖可提高渔获量4倍。俄罗斯因大量捕捞，其海域内的鲟鱼

几乎绝迹，但经数年人工放养鱼苗等手段，已恢复了原有的资源和产量。海水养殖藻类还可获得天然气。美国人在20世纪70年代中期试办的巨藻海洋农场，能够年生产天然气6亿立方米，并获肥料95万吨，捕鱼量也增加18万吨。

水资源严重不足已经成为影响21世纪人类可持续发展的头等大事。工农业生产和人类生活需要大量淡水。但陆地水资源不足，许多地区严重缺水。海水淡化可提供几乎取之不尽的水资源。现在海水淡化技术已经比较成熟，尤其在中东地区海水淡化工业已很发达，如沙特阿拉伯、科威特等国，主要依靠海水淡化提供水源。可以预测，在不久的将来，人类依靠海水淡化技术一定能够彻底解决淡水资源危机。

海水的直接利用也在许多发达沿海国家展开，其主要用途是工业冷却。海洋还蕴藏着丰富的可再生能源，包括潮汐能、波浪能、海水温差能、海流能、盐差能等。科学家估计这些能源的理论蕴藏量约有1 500多亿千瓦，可开发利用的有70多亿千瓦，相当于目前全世界发电能力的十几倍，在人类未来的能源供应中有重大的意义。

另外，近年来对海洋空间新的开发利用层出不穷，特别是一些国土狭小的国家积极向海洋延伸，在海洋上建设各种生产、生活、娱乐设施，创

造了一系列世界奇迹，如日本、阿联酋等国的人工岛屿的建设与开发。

 相关链接

　　据报道，欧洲最大的石油公司——皇家荷兰壳牌公司在墨西哥湾创造了一项海下新的钻井世界纪录：该公司在墨西哥湾所钻的一口油气井的总深度接近2英里（1英里＝1.6千米）。这口井是世界上迄今为止完钻的最深的一口井，壳牌公司将利用海下设备对此井进行试油作业或者直接开始石油生产。

　　专家分析说："这是世界海上钻井史上的一个重要里程碑，它说明，世界科技水平已达到我们能够经济而有效地开发这些埋藏很深的海下资源的水平。"

人类用科学方法进行海洋科学考察已有100余年的历史，而大规模、系统地对世界海洋进行考察则仅有30年左右。现代海洋探测着重于海洋资源的应用和开发，探测石油资源的储量、分布和利用前景，监测海洋环境的变化过程及其规律。在海洋探测技术中，主要高科技手段包括在海洋表面进行调查的科学考察船、自动浮标站，在水下进行探测的各种潜水器，以及在空中进行监测的飞机、卫星等。

### 海洋科学调查船

海洋科学调查船担负着调查海洋、研究海洋的责任，是利用和开发海洋资源的先锋。它调查的主要内容有海面与高空气象、海洋水深与地貌、

科学考察船

地球磁场、海流与潮汐、海水物理性质与海底矿物资源（石油、天然气、矿藏等）、海水的化学成分、生物资源（水产品等）、海底地震等。其中极地考察和大洋调查等活动，为世界各国科学家所瞩目。

大型海洋调查船可对全球海洋进行综合调查，它的稳定性和适航性能良好，能够经受住大风大浪的袭击。船上的机电设备、导航设备、通讯系统等十分先进，燃料及各种生活用品的装载量大，能够长时间坚持在海上进行调查研究。同时，这类船还具有优良的操纵性能和定位性能，以适应各种海洋调查作业的需要。

建造专用科学调查船始于1872年的英国"挑战者"号。它从1872年起，历经4年时间的环绕航行，观测资料包括洋流、水温、天气、海水成分，发现了4 700多种海洋生物，并首次从太平洋上捞取了锰结核。1888—1920年，美国的"信天翁"号探测船探测东太平洋。1927年德国的"流星"号探测船首次使用电子探测仪测量海洋深度，校正了"挑战者"号绘制的不够准确的海底地形图。

日本海洋科学技术中心最近宣布，它们研制的无人驾驶深海巡航探测器"浦岛"号，在3 000米深的海洋中行驶了3 518米，创造了世界纪录。"浦岛"号上安装着高精度的导航装置及观测仪器，使用锂电池作为动力。这艘无人驾驶的深海探测器，使用无线通信手段向海面停泊的母船"横须贺"号上传送了用水中摄像机拍摄的深海彩色图像。日本海洋科学技术中心认为，这一装置在世界上居领先地位。以这次航行试验成功为基础，海洋科学技术中心还计划开发性能更高的无人驾驶深海探测器，并且使用燃料电池作为动力源。

### 海洋监测浮标

20世纪40年代末，科学家除了要收集海面上的信息外，还要探测海洋深处的水温状况。从那时起，这样的工作就一直进行没有间断过。40年后人们分析这些监测资料后发现，在海面2 000米以下海水的温度正在戏剧性地、持续不断地上升。但那时人们得到的信息仅仅来自有限的区域，得到探测的深水区域只占全球海洋面积的5%。直到2002年，科学家提出了一个解决问题的方案：施放资料浮标，建立浮标监测网络，浮标上搭载的仪器可与人造卫星联通，形成一个立体的海洋监测系统。

目前，这个计划正在进行中，已有60个以上的浮标被施放到了大海里。1997年，这个浮标监测系统监测到了热带海洋上非同寻常的迹象，这就是厄尔尼诺的前兆，科学家及时发出警告，从而成功地预报了20世纪最大一次厄尔尼诺的到来。现在，这个浮标系统依然在起着作用，从那里得到的资料显示，2002年至2003年冬季，厄尔尼诺已经卷土重来，不过力量较小罢了。

### 海下测音装置

新一代海洋探测装置正在使用声音追踪大洋底部发生的"重大事件"，例如火山和地震等，因为科学家发现，海洋中温度和压力的不平衡可以形成一个走廊，沿

着这条走廊，声音可以传播几千公里，为此人们研制出了可永远置放于海底的水下测音装置，这就是SOFAR（声学系统和测距装置）。现在，这种装置已经布置在了海底，相关海洋学家每星期要用电脑处理10亿字节这些来自太平洋底部的信息。自1991年SOFAR启用以来，人们已用它确定了几万次发生于大洋底部的地震和几次海底火山爆发，这些海底的剧烈运动都没有被安放在陆地上的地震仪监测到。另外，这种仪器还帮助动物学家们通过鲸的叫声对两种蓝鲸加以区别。

1998年，人们在海底安装了夏威夷2号监测站，它是一个地震仪，由一组水下测音器连在一条报废了的海底电缆线上。使用这种仪器，地球物理学家莱特·巴特勒监听到一次里氏6.1级的海底地震。这次地震发生在距太平洋西北沿岸2 000公里的海域之下，它发出的巨大隆隆声令科学家们非常惊讶，因为那似乎是一种从未出现过的声波。科学家分析说，种种迹象表明，这种声波来自海底流动着的沉积物界面，它为科学家通过声音探测海底物质形态提供了一种新的参照依据。

今天，科学家们又研制出了更加轻便灵活的水下测音器，并把监测的范围扩展到了大西洋。在那里，他们第一次记录到由中大西洋山脊火山活动发出的声音，在这片地区，岩浆正在上升，海底正在慢慢扩展。

### 海下传感器

从大量的地震监测和钻探活动中，海洋地质学家们已经知道海底的下面存在着大量的地下海

　　水，它们流动着，将热量带到海床的上面。科学家希望知道这些地下海水的活动究竟是怎样的，其移动的速度有多快。于是他们在海底钻了一些孔。然后将一些传感器放于孔中，通过这些传感器，科学家可以持续地获得有关海洋地下水压力和温度方面的资料。

　　这个海底地下监测系统被命名为CORKS，自1991年正式启用以来，它为人们提供了大量海底地层的信息。地球物理学家伊尔·戴维斯说："现在我们知道，在大洋底部以下的确流动着大量的海水。"监测表明，这些海水可以在地下穿行好几公里。令人惊讶的是，这些安放在海底的传感器还记录下了发生在海面上的运动，如潮汐等。戴维斯认为，海平面乃至大气压力的升降会影响海底以下的状态，甚至可以导致它的形状发生改变。

　　海底以下是否存在生命也是一个令科学家备感兴趣的问题。几年前，科学家们在秘鲁附近海域进行了一次雄心勃勃的探索活动，他们在150米至5 300米的水下进行钻探，结果竟在海底以下420米的地层里找到了微生物。科学家认为海底以下存在着大量的微生物，它们的数量可能占地球微生物总数量的三分之二，由此人们意识到类似的生命形式很可能也存在于其他行星和卫星的海洋下面。

## 相关链接

光缆将成为海洋探测的重要资源，因为使用光缆传输信息会比同轴电缆快200倍，它可以迅速地将数据从大洋深处上传到位于大陆之上的实验室里。

2002年9月，加利福尼亚观测站得到一笔联邦拨款，以铺设一条高速宽带光缆，它从陆地延伸至海底，全长60公里，光缆上连接的传感器将布设在太平洋1 200米深的海底，并与陆地上的设施构成一个名为"蒙特里海洋探测系统"的研究网络。

与此同时，加拿大也宣布了一项名为VENUS的海洋探测计划，科学家将在不列颠哥伦比亚省附近的海域上铺设一条光缆，它上面的传感器系统也将为科学家提供全新的海洋信息。然而，这两个计划却只是一次大规模行动计划的前奏。海洋科学家正在准备一次有史以来最大规模的海洋探测行动。一条3 000公里长的光缆和无数探测器将横跨胡安·德富卡构造版块，这个版块位于靠近美国华盛顿州和加拿大不列颠哥伦比亚省的海面

上。预计这个计划的全部实施将耗资200亿美元。人们对未来的海洋探测充满期待，希望它会揭示更多的海洋奥秘，带给人们更多的惊喜。

# 重返海洋
## ——人工岛屿

　　科学研究已经证明，地球上的生命来自海洋。由于千万年来人口的迅速增多，陆地空间已显拮据，人类越来越倾向于回到海洋中寻求栖居地。陆地的喧嚣和脏乱也是人们产生这种倾向的另一个原因，海洋的污染虽日趋严重，但仍是相对洁净的广阔天地。于是，人工岛屿应运而生。

　　顾名思义，人工岛屿就是利用人力在海上建造的陆地。人们移山填海，或把河道、港口挖出的淤泥以及陆上无用的无污染的废弃物，集中就近堆放到海里，在海上形成一块高出水面的陆地，并用建筑材料加固四周，就成为人工岛屿。接下来就可以利用人工岛屿的土地，进行新的开发建设。每造出一块人工岛屿，就等于为国家或地区多建造一块土地。人工岛屿在令人们呼吸新鲜空气的同时，还可以作为尖端产业基地和能源基地。

日本东京著名的人工岛——海洋萤火虫

　　人工岛屿一般离海岸约5公里，其内侧可作为海洋牧场。人工岛屿工程主要包括岛屿自身填筑、护岸和岛屿陆地之间交通联系三部分。

　　20世纪60年代以来，日本建造的现代人工岛屿最多，规模也最大。美国、荷兰等国也很重视发展人工岛屿。日本的神户人工岛屿，是世界上第一座海上城市，位于神户市以南约3 000米，面积达436万平方千米，与神户市之间由一座大桥相连。这座人工岛屿自1966年开工，历时15年完成，其间削平了神户西部的两座山峰，将8 000万立方米的土石填入海中。人工岛上建造的城市可谓五脏俱全，城市中部为中高层住宅和公寓区，有可供2万多人居住的6 000套住宅。居民生活区内不仅有商店、学校、医院、邮局、博物馆，还有北、中、南三个公园以及体育馆、游泳池、污水处理厂等生活服务设施。岛屿的南侧建有防浪堤，其他三面建有现代化的集装箱装卸码头，可同时停泊28艘万吨级轮船。

　　在先进的污染处理和环境监测的基础上，人工岛屿还可以利用独特的

日本神户人工岛中心

全世界最豪华的酒店——泊瓷酒店

海洋美景，充分发挥其娱乐作用。

　　阿联酋第二大城市迪拜的"棕榈岛"，是三座酷似棕榈树造型的人工岛屿。这个工程规模庞大，甚至从太空中都能看到岛屿形状，但棕榈岛本身却完全是用沙子和岩石搭建而成，堪称人类建筑史上的奇迹。这里还矗立着全世界最豪华的酒店——泊瓷酒店（又称"阿拉伯塔"）。这座看起来好像是正在行进中的帆船形象的酒店，一共56层，321米高，由著名的英国设计师Atkins设计。泊瓷的工程花了5年的时间，其中2年半的时间是在阿拉伯海填出人工岛屿，2年半时间用在建筑本身。楼体使用了9 000吨钢铁，并把250根基建桩柱打在40米的深海下。酒店中最大面积的皇家套房有780平方米之大，而且全部是落地玻璃窗，随时可以面对着一望无际的阿拉伯海。在酒店内的海鲜餐厅就餐要动用潜水艇接送。沿途还有鲜艳夺目的热带鱼在潜水艇两旁游来游去。在餐厅内环顾四周的玻璃窗外，珊瑚、海鱼所构成的流动景象，也是令人赞叹不已。因为饭店设备实在太过

迪拜海岸未来人工岛屿鸟瞰图

高级，远远超过五星级的标准，只好破例称它为七星级——它也是世界上为数不多的七星级酒店之一。其实，几颗星并不重要，关键是人工岛屿上的奢华酒店，在全球是独一无二的。有人说："这座沙漠与海洋之间的巨大建筑，养育着人类追求卓越的思维和好莱坞式的梦想。"

距离棕榈岛4.1公里的一处长9公里、宽7公里的海域内还有一个由星罗棋布的人工小岛建成的岛群——世界岛。世界岛由300多个小岛组成，从空中俯瞰下去，它就如同一张微缩版世界地图。岛屿群的外围是用岩石筑起的椭圆形防浪堤，将300座按照世界各国陆地形状填海兴建的人工小岛圈住，总面积约为557万平方米，每座小岛的面积从2.3万平方米至8.4万平方米不等，岛屿之间的距离最小的有50米，最大的100米。往返各岛只能以船只和直升机代步。而在棕榈岛与世界岛之后，迪拜又宣布将兴建"太阳系"人工岛。这是又一个大手笔投建的超大规模的人工岛工程，将模拟太阳和月球等太阳系内星球的形状，建造一组人工岛。

## 相关链接

海洋的浩瀚与宽广给了人们利用海洋空间更多的想象，海底城市的建造是最大胆的设想。目前日本已有人设计了海底城市，用钢铁建造，呈高150米、直径30千米的圆拱形，可容纳200万人，建造费用为150万亿日元，需时16年。海底城市可以在能源、粮食等方面自给自足，能充分利用海洋能源和海洋生物资源。

# 护卫蓝色家园
## ——海洋环境保护

现今社会里，人类文明的起源——海洋，正面临着因高科技开发所带来的巨大威胁，海洋环境保护问题也因此受到了人们的日益重视。人类既要开发海洋，又要保护环境和保障海上生产安全。

其实，海洋有很强的自净能力，可以通过扩散、稀释、氧化、沉降等作用，分解破坏污染物。但随着陆地和海洋开发的加剧，大量污水、石油、有毒物质等进入海洋，海洋环境已日益恶化。尤其是油轮事故、海底油田开发等造成大量石油沉入海洋，每年排入海洋的石油以千万吨计。两伊战争和海湾战争时许多油井遭到损坏，人为加剧了海洋石油污染。工业

触目惊心的石油泄漏

废水中的汞、镉等重金属排入海洋的数目也很大。全世界每年入海的汞有
10 000吨，而仅日本神通河注入海里的镉就曾达每年3 000吨。农药入海可
造成大量生物死亡，如日本九州沿海的水田，在一年夏天施药后遇上暴
雨，结果沿岸贝类全部死亡。污染原因还包括城市生活污水、固体垃圾和
放射性废料的排入等。海洋受到的热污染和有机物污染还可导致某些低等
生物的过量繁殖，耗尽海水中的氧气而使鱼类等大量死亡。

　　海洋污染的污染源广、持续时间长、扩散范围大，对海洋污染的治理
非常困难。所有的陆地污染物都可能最终通过河流、空气等渠道进入海
洋。海洋的污染物还可因食物链作用而聚集或传递。如牡蛎在被农药污染
的海水中生活一个月，体内农药浓度可达周围海水浓度的7万倍。海水可
以把污染物送到各个地方。日本的沥青块可以漂洋过海出现在英国和加拿
大的西海岸。石油油膜在波斯湾的大部分水域存在，沙特阿拉伯的海水淡
化工厂不得不因此停产。

　　海洋环境问题的产生，是由于人们在开发利用海洋的过程中没有同时

顾及，或不够注意海洋环境的承受能力，低估了自然界的反作用。因此，海洋环境尤其是河口、港湾和海岸带区域受到了人为污染物的冲击，不仅影响海洋资源的进一步开发，甚至对人类健康造成危害。海洋开发的事实告诉人们，在海洋技术发展中必须全面综合考虑，以构成一个完整的海洋开发技术系统。

目前，在海洋开发项目中，海洋环境保护已成为必要的部分。为了预防海洋的进一步污染，并对污染海域进行治理，有关国家和国际组织已加紧研究和采取措施。世界各国都逐步制定了海洋环境保护的法律法规。目前海洋污染调查技术主要以现场调查为主，同时应用自动监测仪和人造卫星对海面的大面积污染以及其他一些异常现象进行监测。未来科学家的目标是建立自动海洋污染监测站，并利用人造卫星和飞机监测海洋污染，利用激光技术精确测定污染物在海中的扩散和垂直搬运过程，使用电脑收集、整理和储存数据，建立了情报中心和电脑中心，逐步实行污染预测。对于最主要的海洋污染物——石油，目前已建造了多种石油回收船，回收率在70%以上，并还在继续提高。

海洋污染处理更关键的部分是控制污染源。对沿海工业排放的污水必须严格控制排放标准。需要结合陆地的污染治理来最终消除污染源。海洋开发的任何项目都必须对污染物加以严格控制。

 相关链接

## 全人类的海洋

海洋开发的任何方面都在一定程度上面临着革命性的变化，都可能给人类带来巨大的利益，且在最低限度上将缓解人类所面临的资源紧缺——

由于可控核聚变供能实验的成功，海水中的氘和锂资源将给人类提供不会枯竭的能源。海水淡化技术正逐渐向低成本发展。大规模的海水淡化将完全改造临海的干旱沙漠地区，全面提高陆地的粮食产量和绿化程度。此外，海洋运输业、海底石油和天然气的开采、海水制盐业、海洋能源开发以及从海水中提取矿物等，也都在大踏步地发展，并且越来越多地与现代高新科技融合。

由于海洋开发规模加大，这方面国际争端的也日益加剧。1982年通过的《联合国海洋法公约》规定，沿海国家管辖的海域范围扩大到包括领海、专属经济区和大陆架在内的广阔海域，并且把深海海底资源作为全人类共同继承的财产，不允许任何国家自由开发，开发工作由联合国国际海底管理局管辖。这一公约的通过部分地解决了海洋上的国际争端，同时也使海洋开发带上更明显的国际性和系统性。

海洋开发是一项包括环境保护在内的系统工程。海洋是全人类唯一的海洋，因此必须高度爱惜它。充分重视海洋环境保护的海洋开发将全面、系统地照顾到全人类的最根本利益。展望未来，海洋开发必然会有更辉煌的前景。

# 十项最具创意的环保发明

### 印度空气动力汽车

印度塔塔汽车公司(Tata Motors)在2009年向美国市场推出首批以空气为动力的零污染汽车。这些汽车每加满一次"燃料"——压缩空气，可行驶1 000英里，最高速度可达96英里。

### 伊凡霍伊水库的黑色塑料球

为了防止一种致癌物的生成，让60万消费者放心使用饮用水，美国洛杉矶水电管理局把40万个黑色塑料球倒进了伊凡霍伊水库(Ivanhoe Reservoir)。这项发明的目的是避免太阳照射到水面上，从而防止一种含有溴化物和氯的潜在有害混合物在这个具有上百年历史的水库中生成。

空气动力汽车

伊凡霍伊水库的黑色塑料球

### 由人供电的电视遥控器

这种新型电视遥控器由人提供所需的电力。日本SMK公司已发明了这种不需要电池的有利环境的装置，对改善全球变暖具有重要意义。使用者只需要握住遥控器，然后按动遥控器上的按钮，就可以开关电视、搜索频

由人供电的电视遥控器

道和控制音量。

### 无水洗衣机

英国利兹大学研究人员已发明一种新型洗衣机，这种叫Xeros的洗衣机每次运作只需一杯水就能完成任务。这种洗衣机实际上可以清除所有类型的污渍。由它清洗完的衣服已基本干燥，所以还减少了对烘干机的使用。

### 绿塔

绿塔位于西伯利亚，由福斯特建筑事务所(Foster&Partners)设计。它将由玻璃建成，这样可以在冬季尽可能地吸收阳光。另外，绿塔的另一种建筑材料来自可再生资源。塔高280米，人们可以在塔内工作、居住、娱乐。

### 生态船

"地球竞赛"号快艇用人类脂肪作为动力来源。它所使用的是百分百的生物燃料，并且不向外界排放任何碳。新西兰人皮特·贝休恩是地球竞赛号快艇的设计者，他做了吸脂术，献出了自己的脂肪，制作了100毫升的生物燃料，其他动力则由太阳能提供。

生态船

### 生态笔记本

一家著名生产商推出的环保笔记本电脑，外壳由竹子制成，内部的全部塑料都可再循环使用。它没有喷涂油漆，也没有使用电镀技术。

### 自制太阳能热水器

威廉·韦伯在《地球母亲新闻》
上撰文介绍了他自己制作的这种太阳
能热水器。他对所需的材料作了详细
说明，还介绍了它的成本和制作过
程。他用事实证明，热水器完全可以
用自己家里的材料制成，没有必要到
市场上购买。

生态笔记本

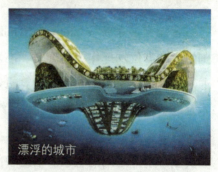

漂浮的城市

### 芝加哥生态桥

为了自己的城市更环保，芝加哥
正在采取一系列措施，其中包括位于
芝加哥门罗港的生态桥。它将成为给
当地居民和游客提供娱乐的场所。人们可以在平静的海面上一边划船或开
船，一边欣赏芝加哥的城市景观。这座生态桥长2英里，把芝加哥市中心
和格兰特公园连在一起。

### 漂浮的城市

建筑师文森特·卡尔伯特(Vincent Callebaut)把这项发明叫做Lilypad，但
它还有个更著名的名字，那就是"漂浮的气候难民生态人工岛"，因为科
学家预测海平面将上涨20到90厘米。这座漂浮的城市将于2100年变成现
实，到时将有5万名人类在上面安家落户。

# 通达四方
## ——智能交通系统

　　智能交通系统（Intelligent Transport System）简称ITS，是一种在大范围内、全方位发挥作用的准时、准确、高效的交通运输管理体系，它在交通运输管理体系中把先进的计算机处理技术、信息技术、数据通讯传输技术及电子控制技术等有效地进行了综合运用。

　　智能交通系统由一些现代高科技项目组成，旨在加强道路、车辆、驾驶员及环境等之间的联系。借助智能交通系统，驾驶员对实时交通状况了如指掌，管理人员则对车辆的行驶状况一清二楚，从而提高道路的安全

性、系统的工作效率及交通环境
质量等。

　　智能交通系统主要包括几个
典型的系统：交通管理系统、交
通信息系统、车辆控制系统、公
共交通系统。

　　交通管理系统是通过汽车的
车载电脑、高度管理中心电脑与
全球定位系统卫星联网，实现驾
驶员与调度管理中心之间的双向
通讯，来提供商业车辆、公共汽
车和出租汽车的运营效率。该系
统通讯能力极强，可以对全国乃
至更大范围内的车辆实施控制。

行驶在法国巴黎大街上的20辆公共汽车和英国伦敦的约2 500辆出租汽车
已经在接受卫星的指挥。新加坡的城市交通管理系统，除了城市交通控制
系统传统的功能如信号控制、交通监测、交通诱导和交通信息外，还包括
了现今的电子收费系统。

　　具有智能的先进的交通信息系统是由交通信息中心直接向车辆发出的
各种交通信息，还可以提供最佳路径咨询。驾驶员可根据所提供的信息和
咨询意见合理安排自己的行驶路径。

　　车辆控制系统是对车辆本身而言的，辅助驾驶员驾驶汽车或替代驾驶
员自动驾驶汽车的系统。主要包括行车安全警报系统与行车自控和自动驾
驶系统两大部分，该系统通过安装在汽车前部和旁侧的雷达或红外探测
仪，可以准确地判断车与障碍物之间的距离，遇紧急情况，车载电脑能及
时发出警报或自动刹车避让，并根据路况自己调节行车速度，人称"智能
汽车"。美国已有3 000多家公司从事高智能汽车的研制，已推出自动恒速

控制器、红外智能导驶仪等高科技产品。

公共交通系统包括公共交通车辆定位系统、客运量自动监测系统、行驶信息诱导系统、自动调度系统、电子车票及视野支持系统等。西方国家首先将该技术用于在公共交通优先道和公交优先信号等领域的控制和管理上。

智能交通系统是现代交通的发展方向。目前的研究主要集中在交通控制与管理、车辆安全与控制、旅行信息服务、交通中的人为因素、交通模型开发、行政和组织问题、通信广播技术与系统方面。

从其重中之重的车辆方面看，智能交通系统的开发前景首先是，开发能够从道路设施上直接接受交通信息的车辆，然后是利用控制技术，开发具有高度安全技术的安全车辆，最后实现自动驾驶车辆。通过智能交通系统技术的开发和应用，使人、车、路、环境充分协调，使人与车、车与车、车与路等各交通要素互相协调，从而达到交通系统化，进而建立起快速、准时、安全、便捷的交通运输体系。

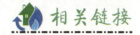 相关链接

**视频监控设备**

摄像机；云台镜头控制；视频放大器；光端机；画面分割器；字符叠加器；监视器；硬盘录像机；矩阵切换、控制主机；大屏幕投影显示系统；视频服务器；视频采集卡；视频监控软件。

**交通信息采集设备**

气象检测器；线圈检测器；视频交通信息采集；微波检测器；超声波检测器；红外检测器；测距仪；移动检测车；行驶记录仪；激光检测器；

交通视频监控

气体传感器；光强传感器。

### 交通控制设备

交通信号灯；倒计时显示器；便携式车辆拦截器；固定显示牌；LED 可变情报板；交通标志牌。

### 道路收费系统设备

IC 卡及读写器；自动栏杆；车道控制机；费额显示器；超重显示屏；动态称重设备；轮胎识别器；车辆分离器；车型识别系统；雨棚信号灯、车道通行信号灯、雾灯；专用键盘；车载单元；警报器。

## 🌿 交通新时代 🌿

随着科技的飞速进步，人们的交通方式也在发生着迅速的变化，新的交通方式不断出现。在创造着交通奇迹的同时，人类也跨入了交通的新时代。在这个过程中，有几种交通方式的发展前景最值得人们关注。

### 超越音速的空中旅行

声音在空气中的传播速度大约是每秒334米，也就是说，每小时的传播距离在1 200千米以上。在20世纪中叶，超越声音的飞行可望而不可即。1969年，第一架协和超音速客机诞生，并于1976年1月21日投入商业飞行。协和式超音速客机是世界上唯一投入航线上运营的超音速商用客机。协和式飞机一共只生产了20架。英国航空公司和法国航空公司使用协和式飞机运营跨越大西洋的航线。到2003年，尚有12架协和式飞机进行商业飞行。2003年10月24日，协和式飞机执行了最后一次飞行，全部退役。

目前超音速飞机的实用多还是在无人驾驶的军事飞机上，而各国航空公司正在积极开发新一代超音速客机，预计20世纪前10年便可实现首次飞行。专家预计，其速度可达到每小时大约2 400千米，是声速的两倍还多。其续航距离约11 000千米，足以横跨大西洋。新一代超音速客机具有广阔的市场前景和巨大的发展潜力，是人类未来远程交通的重要工具。

### 海底隧道

如果人们要进行跨国、跨洲旅行的话，不论飞机还是轮船都易受天气等自然条件的限制，如果再考虑到飞机运载量太少、轮渡太费时等因素，寻找新的交通方式便在情理之中了。令人欣喜的是，这种方式人们已经发现，这就是海底隧道。

20世纪中叶，许多国家就已经开始了海底隧道的建设工程。鉴于火山和地质运动的影响，海底地质构造十分复杂，海底施工存在着极大的困难。此外，在开工和对接等多项技术上还有许多高科技难题有待解决。目前，有两条已建成的著名海底隧道。一是日本情函隧道，是世界上最长的海底隧道，全长53.85千米。二是英、法两国在多佛尔海峡修建的英吉利海峡海底隧道，全长53千米，整个工程由三条隧道组成。现在，全世界已建成和计划建造的海底隧道有二十多条，大多分布在日本、美国和西欧等地。

### 空天飞机

征服宇宙，走向茫茫无际的太空，是人类孜孜以求的目标。而这方面的有效工具便是航天器。目前，世界各国设计、发射的航天器种类很多，其中最具发展潜力的当属空天飞机。

空天飞机全名是"国家航空航天飞机"，是美国于1986年提出的一种最新型的航天交通工具，随后英、法、德、日等国相继推出自己的开发计划，在全球掀起了一股空天飞机热。空天飞机具有异乎寻常的性能：速度极高，最高时速可达30 000千米；飞行高度从零高度到200千米以上；起降方便，不受天气的限制；节省开支等等。这种飞机可以遨游茫茫无际的宇宙，然后再返回降落到地球的任一机场，一切如同乘坐现在的旅游航班那样方便自如。

空天飞机概念图

# 操控千里
## ——遥感技术

遥感一词来源于英语"Remote Sensing"，其直译为"遥远的感知"，是20世纪60年代发展起来的一门对地观测的综合性技术。遥感技术开始为航空遥感，自1972年美国发射了第一颗陆地卫星后，就标志着航天遥感时代的开始。20世纪80年代以

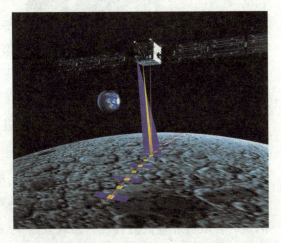

来，遥感技术得到了长足的发展，遥感技术的应用也日趋广泛。经过几十年的迅速发展，遥感技术已广泛应用于资源环境、水文、气象、地质地理等领域，成为一门实用的、先进的空间探测技术。

遥感是利用遥感器从空中来探测地面物体性质的，它根据不同物体对波谱产生不同响应的原理，识别地面上各类地物。具有遥远感知事物的意思，也就是利用地面上空的飞机、飞船、卫星等飞行物上的遥感器收集地面数据资料，并从中获取信息，经记录、传送、分析和判读来识别地上物体。

遥感作为一门对地观测综合性技术，它的出现和发展既是人们认识和探索自然界的客观需要，更有其他技术手段与之无法比拟的特点。

遥感探测能在较短的时间内，从空中乃至宇宙空间对大范围地区进行

对地观测，遥感用航摄飞机飞行高度为 10 000 米左右，而陆地卫星的卫星轨道高度达 91 万米左右，一张陆地卫星图像，其覆盖面积可达 30 000 多平方公里。这些有价值的遥感数据拓展了人们的视觉空间，为宏观地掌握地面事物的现状情况创造了极为有利的条件，同时也为研究自然现象和规律提供了宝贵的第一手资料。这种先进的技术手段与传统的手工作业相比是不可替代的。

遥感技术获取信息的速度快、周期短，能动态反映地面事物的变化。由于卫星围绕地球运转，能周期性、重复地对同一地区进行对地观测，从而及时获取所经地区的各种自然现象的最新资料。尤其是在监视天气状况、自然灾害、环境污染甚至军事目标等方面，遥感的运用就显得格外重要，这是人工实地测量和航空摄影测量无法比拟的。

在地球上有很多地方，自然条件极为恶劣，人类难以到达，如沙漠、沼泽、高山峻岭等。采用不受地面条件限制的遥感技术，特别是航天遥感可方便及时地获取各种宝贵资料。

利用遥感技术获取信息手段多，信息量大，根据不同的任务，遥感技术可选用不同波段和遥感仪器来获取信息。例如可采用可见光探测物体，也可采用紫外线、红外线和微波探测物体。利用不同波段对物体不同的穿透性，还可获取地物内部信息。例如，地面深层、水的下层，冰层下的水体，沙漠下面的地物特性等，微波波段还可以全天候地工作。

目前，遥感技术已广泛应用于农业、林业、地质、海洋、气象、水文、军事、环保等领域。

将遥感技术应用于大面积的地质灾害调查，可达到及时、详细、准确且经济的目的。在不同地质地貌背景下能监测出地质灾害隐患区段，还能对突发性地质灾害进行实时或准实时的灾情调查、动态监测和损失评估。特别是在大规模地质灾害的后续救援工作中，遥感技术可以发挥突出作用，第一时间提供地质地貌变化情况。

伴随着社会的进步和发展，气候变化、环境污染成为了人类世界所面临的发展瓶颈。遥感技术应用于宏观生态环境的监测，具有视野广阔、获取的信息量多、效率高、适应性强、可用于动态监测等众多优点。为此，采用卫星遥感这一面向全球的先进技术，是环境科学研究的必要途径，它不仅可以为人们提供大面积、全天时、全天候的环境监测手段，更重要的是能够为我们提供常规环境监测手段难以获得的全球性的环境遥感数据。这些数据将成为我们进行环境监测、预报和科学研究不可缺少的基础。

遥感技术应用于环境监测上既可宏观观测空气、土壤、植被和水质状况，为环境保护提供决策依据，也可实时快速跟踪和监测突发环境污染事件的发生、发展，及时制定处理措施，减少污染造成的损失。其从空中对地表环境进行大面积同步连续监测，突破了以往从地面研究环境的局限性。

农业气象灾害对国民经济，特别是对农业生产会造成极为不利的影响。利用遥感技术，可以绘制更加清晰、形象的气象图；进行气候资源监测评价、气象灾害评估、气象灾害预警、气候分析评价等气象服务；建设基于遥感技术和地理信息系统，支持农业气象灾害监测系统开发；利用气象数据，结合背景资料对危害区域、危险程度、受害作物面积进行分析、计算、评估，预测洪涝灾害的演进规律，提供受灾区域、受灾人口与损失估算报告，并根据已有的抗洪措施形成后期应急反应方案以及防灾系统建设方案。

近年来，海洋渔业遥感技术的研究和应用，受到各相关渔业科研单位和大学的广泛关注和重视。遥感技术应用于海洋渔业，具有大面积观测和

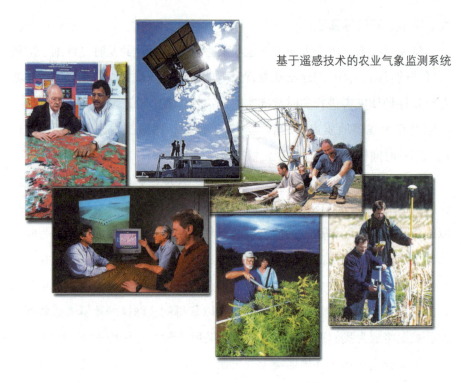

基于遥感技术的农业气象监测系统

实时动态监测的优点，可以获取多种海洋环境要素信息，对预报渔场渔情信息是一种十分理想的手段。

　　遥感技术为流行病学研究开辟了新的途径。为应付未来突发事变，可利用遥感技术提供目标地区的流行病学疾病预测资料，以制订卫勤保障计划，保障部队战斗力。美国军方从1982年以来就运用遥感技术开展了大量研究，他们以降雨量和气温以及通过遥感技术获取的数据为参数，预测了菲律宾血吸虫病的流行区分布，并用来计算美军军事演习期间可能由于血吸虫病而导致的潜在伤亡数。另外还将遥感技术应用于战争时区别自然状态的疾病暴发与由于使用生物战剂引起的疾病暴发的研究。

　　在未来的10年中，预计遥感技术将步入一个能快速、及时提供多种对地观测数据的新阶段。遥感图像的空间分辨率、光谱分辨率和时间分辨率都会有极大的提高。其应用领域随着空间技术发展，尤其是地理信息系统和全球定位系统技术的发展及相互渗透，将会越来越广泛。

# 国防支柱

## ——军事高科技

　　军事上的需要是军事高科技发展的主要推动力。二战中，为满足战争的需要而研制的雷达、核武器、V1和V2导弹及1946年研制成功的电子计算机，揭开了20世纪60年代高科技发展的序幕。20世纪50年代至90年代，大国间激烈的军备竞赛，使得以核武器技术、导弹技术、计算机技术、微电子技术、航天技术为代表的军事高科技群体异军突起。70年代开始，以信息产业为代表的高科技蓬勃发展，高科技武器装备大量研制成功并登上了战争舞台，同时，许多传统的常规武器也因采用高新技术手段加以发展而使战术技术性能得到了极大提高。再加之80年代爆发的几场局部

战争，军事高科技的发展更引起了世界各国的广泛注意和高度重视。可以说，世界已进入高科技局部战争阶段。

军事高科技的主要领域表现在两个方面：一是支撑高科技武器装备发展的共同的基础技术，包括微电子技术、光电子技术、电子计算机技术、新材料技术、新能源技术、动力技术、先进制造技术和仿真技术；二是应用于武器装备的应用性高科技，包括侦察监视技术、电子战技术、精确制导技术、航天技术、伪装与隐身技术、指挥自动化技术、核生化武器技术、新概念武器技术等。

现代高科技在军事方面具体表现主要为：

### 军用微电子技术

被称为武器装备"心脏"的军用微电子技术，是现代军事技术的核心和基础，其广泛应用于雷达、计算机、通信设备、导航设备、火控系统、制导设备和电子对抗设备等各类军用设备上。在现代高科技武器装备中，微电子装备的费用已占武器成本的一半以上。

从近期发生的几场局部战争看，军用电子技术已从作战保障跃为作战手段，成为现代作战行动的先导，并贯穿于战争的全过程。国外的一些军事专家把电子技术比作为高科技武器的"保护神"，将其视为与精确制导技术、自动化技术系统并列的高科技战争中的三大支柱之一。

### 军用光电子技术

光电子技术是光波段的电子技术。军用光电子技术是电子技术的发展和补充，它大大扩展了军用电子装备的功能和应用范围。20世纪50年代，硫化铅探测器被用于响尾蛇导弹，开创了军用光电子技术的先河。自从1960年世界上第一台红宝石激光器诞生之后，光电子技术几乎每年都有新的突破。激光测距、光电火控、光电制导、光电监视、预警、侦察、观瞄、光纤通信等一系列军用光电子技术应运而生并被广泛应用，成为高科

技武器装备中必不可少的
组成部分。

目前，光电子技术领
域主要涉及光电子元器件
及材料和光电子应用技术
两个方面。光电子技术的
发展和进步，从根本上
讲，有赖于光电子元器件
及其材料的技术突破和提

高，同时，还有赖于一些配套技术，如制冷、光学薄膜、精密光学元件、
封装等技术的配合。

### 军用计算机技术

第二次世界大战期间，由于军事上的需要，导致了电子计算机的产
生。电子计算机从诞生到如今仅仅50多年，从采用电子管到大规模集成电
路已做了四次重大更新。未来的计算机，本质上是一种高速自动化的信息
处理系统，可以处理各种模式的信息，更完善地模拟人脑的功能。军用计
算机及其技术的发展和应用，不仅成为现代军事科技、各种军事系统和武
器系统研制开发的重要物质基础和技术支柱，而且是现代战争作战指挥、
通信联络、后勤保障等诸多决定战争胜负关键因素的依靠和保证，并业已
或正在对传统的军事理论和军事观念产生着巨大而深远的影响。

### 侦察监视技术

1905年5月，无线电侦察在日本和沙俄之间进行的一场战争中得到的
实战应用，拉开了电子战的序幕，也使侦察监视手段进入电子信息时代。
1911年10月，飞机第一次被用于空中侦察。1912年2月，照相机被第一次
用于空中侦察。1926年，奥地利的劳里发明了可使用的雷达，此后雷达被

大量应用于二次大战。到1961年1月，美国发射了世界上第一颗侦察卫星。60年代出现了预警机。1978年美国空军研制成功电子固态广角照相系统，出现了固态照相机。

目前，侦察监视技术的应用范围主要包括预警与监视、战场情报侦察等技术。它所采用的侦察设备器材或系统，主要有雷达、电子探测器、红外探测器、激光探测器、可见光探测器、水声探测器等。

### 军用通信网络技术

19世纪30年代后，有线电和无线电通信相继问世，军事通信发生重大变革。20世纪初，陆军中装备了野战无线电通信，海军中有了舰对舰、岸对舰无线电通信。空军于1912年实现了空对地通信。第一次世界大战时，参战国使用埋地电缆与被覆线路传输电报、电话信号；有的参战国无线电配备到营一级指挥所。第二次世界大战期间，出现了野战电话机、交换机、电传打字机、传真机和调幅、调频无线电台等通信设备。

第二次世界大战后，军事通信技术有了重大发展，相继出现了散射通信、微波接力通信、卫星通信和光纤通信。60年代后，数据网和计算机网被用于军事通信，提高了通信保障的自动化水平与快速反应能力。80年代开始研究的综合业务数字网，在通信联络组织上，注重通信联络的整体保障，形成多手段、多方向的迂回通信。

### 军用新材料技术

材料是人类社会划时代的里程碑。19世纪末至20世纪上半叶，合成化学工业迅速发展，人们用人工的方法合成了塑料、橡胶和纤维等高分子材料，改变了单纯依赖自然恩赐的状况。20世纪中叶以来，在传统的陶瓷、玻璃、水泥等硅酸盐材料和传统的钢铁材料的基础上，又出现新一代的无机非金属材料和特种功能材料，例如精细陶瓷材料，光导纤维材料，碳、硼纤维材料，金晶态金属材料，记忆合金材料等。这些新材料的出现，大

"黑鹂" SR-71侦察机

　　SR-71是第一种成功突破"热障"的实用型喷气式飞机。"热障"是指飞机速度快到一定程度时，与空气摩擦产生大量热量，从而威胁到飞机结构安全的问题。这款飞机的机身采用低重量、高强度的钛合金作为结构材料；机翼等重要部位采用了能适应受热膨胀的设计，因为SR-71在高速飞行时，机体长度会因为热胀伸长30多厘米。

大促进了集成电路、电子计算机、宇航工业和原子能工业的发展，使人类跨进了以微电子技术为中心的信息时代。

　　军用新材料技术是新一代武器装备的物质基础，也是当今世界军事领域的关键技术。金属结构材料、陶瓷结构材料、高分子结构材料和复合材料等结构材料成为制约武器装备发展的瓶颈；隐身材料、防护材料、致密能源材料以及信息智能材料等功能材料成为热门的研究课题。近年来，还出现了结构材料功能化和功能材料结构化的趋势，并形成兼有多种功能的多功能材料。

### 军用制造技术

　　人类的两次世界大战期间，武器装备的大规模制造依赖于庞大的机械制造业，20世纪50年代以后，新的技术革命带来了自动化时代。机械制造由于采用了电子计算机和各种电子设备而进入了崭新的自动控制的发展阶段。60年代以来，机械制造与微电子技术和计算机技术日益融为一体，机电一体化技术得到迅速发展。数控机床的大量使用，计算机等新技术的应用，使军事制造技术不断向高新技术方向发展。

### 军用动力技术

自从1937年英国研制成功涡轮喷气式发动机以后，军用飞机发动机便开始采用涡轮喷气式发动机。60年代后涡轮风扇式发动机研制成功以后，涡轮喷气式发动机又逐步退出了历史舞台。目前，世界在役的军用飞机发动机以加力式涡轮风扇式发动机为主，涡轮喷气发动机只在有限的范围内应用。

先进的综合式坦克装甲车辆推进系统主要在现有的动力装置(柴油机、燃气轮机等)、综合液力传动装置、被动式综合悬挂装置技术的基础上，通

过提高部件的紧凑性及系统的综合性与紧凑性，得到高功率密度(体积功率密度)的整体式动力传动装置和重量轻、可靠性高的被动式综合行动装置或半主动式行动装置，实现电推进系统在车辆上的应用。

目前，水面舰艇分别使用核动力、蒸汽动力装置、燃气轮机、柴油机，以及燃气轮机和柴油机按不同方式组合的各种联合动力装置。核潜艇动力装置绝大部分为加压水反应堆，少量采用液态金属反应堆。常规潜艇的动力装置，目前基本上都采用柴油机电力推进装置。

### 军事航天技术

军事航天技术的发展，已使战场从陆地、海上和空中延伸到太空。太空已成为军事争夺最激烈的场所，军事航天系统在局部战争中得到了逐步应用，并显示了极大的潜力。被称为第一次"空间战争"的海湾战争，以美国为首的多国部队广泛运用了现已装备的各种军事航天系统，在侦察监视、通信指挥、导航定位等诸方面发挥了决定性作用。到目前为止，各种军事活动对空间系统的依赖性越来越大，外层空间即将成为继陆地、海洋和空中之后的第四战场。

### 军事海洋技术

1942年，美国研制成功测量水温跃层的温深仪，并发明使用天气图预报波浪的方法，在北非和诺曼底登陆作战中获得实际运用。1960年，美国研制出"迪里雅斯特"号深海潜水器，成功地下潜到世界最深的查林杰海渊，开创了深海探索的新时代。70年代以来，空间遥感观测技术应用于海洋，使海洋调查观测手段和方法发生了革命性的变革，调查效率成百倍地提高。1993年，日本建成能下潜到1万米深的无人无缆自动潜水船。

现代科学技术的迅速发展，为军事海洋技术的研究开拓了新的途径。随着海洋卫星、遥测、遥感、激光、光纤、水下电视、声纳、深潜器、饱和潜水等新技术在海洋开发中的应用，对海洋现象的认识将不断深化。军事海洋技术的研究将逐步趋于远洋、深海，并重点加强水声技术和海底军事利用的研究。当前和今后一段时间，军事海洋技术的主要研究方向有：海洋环境效应、自主式水下无人智能巡航器技术、海洋信息观测、传输、接收和处理技术、海洋水声技术和海洋遥感遥测技术等。

### 伪装与隐身技术

军事伪装的技术措施主要包括：天然伪装、迷彩伪装、植物伪装、人工遮障伪装、烟幕伪装、假目标伪装、灯火与音响伪装等。这些伪装技术措施，含有越来越多的高科技成分，而且能够起到重要作用。

隐身技术几乎可以说是与1935年英国雷达技术用于防空同时出现的。第二次世界大战期间，德军设计飞翼式喷气试验机和在潜艇上使用吸波材料，是今天雷达隐身技术中隐身外形和隐身材料技术的首次应用。70年代中期，美国提出的各种隐身飞行器方案设想、结构外形已应用了红外抑制

Spirit重型隐形轰炸机，它能从美国本土或前沿基地起飞，在无需支援飞机护航的情况下，穿透敌方复杂的防空系统。

技术的研究成果，并开始设计研制F-117A隐身战斗机。70年代末，美国采用系统工程的方法进行隐身技术综合应用研究，缩短了将先进技术转化为先进武器的周期。自80年代以来，隐身技术逐渐成熟并达到了实用化水平，并且其发展势头相当迅猛。

### 精确制导技术

所谓制导，是指令飞行器按一定规律飞向目标或预定轨道的技术。制导技术最早出现在第二次世界大战期间。当时的德国研制出第一枚无线电制导的滑翔炸弹，尔后，又研制出V1、V2惯性制导导弹，并用于攻击伦敦。20世纪70年代中期，"精确制导技术"的概念被正式提出。

包括战略战术弹道导弹、巡航导弹等在内的各种精确制导武器的研制成功，并用于作战，已对现代战争产生了重大影响。

### 电子战、信息战技术

第一次世界大战期间，电子战是以施放无线电干扰为主要斗争手段。第二次世界大战中，德国空军依靠电波引导，在夜间对英国的纵深地带——考文垂市进行了准确有效的轰炸，揭开了航空电子战的序幕。1944年6月，英、美联军在法国诺曼底登陆战役中的电子战，是历史上规模最大的一次电子战。90年代初的海湾战争中，电子战更以全新姿态登上战争舞台，使人耳目为之一新。电子战的主要技术领域有雷达对抗、通信对抗、光电对抗以及水声对抗。

信息战是在信息领域进行的作战或采取的对抗行动。信息战技术及作战方式正在研究和发展之中，主要包括指挥与控制战、情报战、电子战、心理战、"黑客"战、经济信息战及电脑战或网络空间战。

### 自动化系统指挥技术

军事的高科技化对现代战争的重大影响之一，是使其作战领域明显扩

大。兵力兵器远距离作战能力的提高，使作战空域向大、纵、深发展，也使作战行动更加强调实施大、纵、深，作战行动更加强调"空地一体"、"海空一体"，甚至"陆海空三位一体"的立体化作战。

传统的自上而下的高度集中的"树状"指挥体系已经过时，取而代之的将是扁平型"网状"指挥体系。自动化指挥系统将成为一种典型的指挥模式。这是一种人、机结合的指挥自动化系统，它通过部署在地面、空中和空间的各种探测器或传感器自动搜集各种信息，并通过计算机实时处理战场信息，提供有关数据，帮助进行决策，拟定作战方案，下达作战命令。这是一个集战场感知、信息融合、智能识别、信息处理、武器控制等核心技术为一体、旨在实现军事指挥自动化的综合电子信息系统，它几乎涵盖了战场上所有的军事电子技术功能和装备，受到了世界各军事大国的高度重视。

# 太空探测者
## ——人造卫星

人造地球卫星是指在地球大气层以外的空间环绕地球飞行的人造天体，科学家用火箭把它发射到预定的轨道，使它环绕着地球或其他行星运转，以便进行探测或科学研究，是迄今为止人类开发和利用空间资源的最主要手段。人造卫星的发射与应用是现代空间技术的重要内容之一，这方面技术水平是衡量一个国家科技现代化程度的重要标志。到目前为止，世界上仅有20个国家和组织发射了几千颗卫星，其中，完全依靠本国力量独立发射的只有俄罗斯、美国、法国、中国、日本和印度等少数几个国家。

1945年，英国科学家克拉克就曾预言在地球外建立通信中继站的可能性。所以，在第一颗人造卫星送入轨道以后，卫星在通信实际应用中的可能性，首先受到人们的重视。1958年12月18日，美国发射了第一颗通信

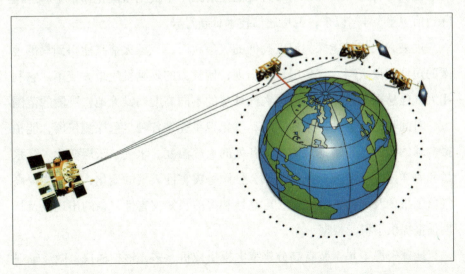

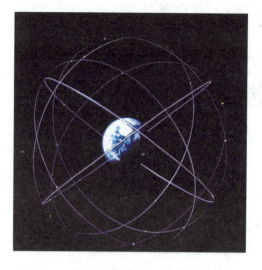

卫星"斯科尔",将空间传输信息推进到一个新的阶段。

在通信卫星上天之前,远距离的通信手段是短波无线电、同轴电缆(海底电缆)及地面微波中继。短波无线电易受干扰;电缆载波通信的铺设和维护成本很高;地面微波中继是每隔50千米设立一个微波中继站,需耗巨额资金。有了通信卫星,这些问题便迎刃而解。进行通信时,从一个卫星地面站把微波信号发送到卫星上去,卫星上的转发器把接收到的信号放大,再通过天线发向另一个地区的卫星地面站,后者再把接收到的信号放大取出,这样就沟通了两地的通信(包括电话、电报、电视等)。只要在赤道上空的同步轨道上均匀地分布3颗卫星,就可以形成覆盖全球的卫星通信网。卫星通信具有通信距离远、传输质量高、通信容量大、抗干扰能力强、机动灵活性好和可靠性高等特点。自1964年5月美国发射第一个实用型静止通信卫星"国际通信卫星3号"以来,卫星通信技术日新月异。

过去,人们只能探测温度高低的气象状况,气象火箭只能得到局部地区的短期气象资料。气象卫星的出现,使气象的观测发生重大变革。它利用大气遥感探测技术,从地球大气外层的不同高度鸟瞰大地,观测的范围大、时间长,不受地理条件限制。气象卫星凭借各种气象探测仪器,能拍摄全球的云图,精确地观测全球各处的大气温度、水气、云层变化、降水量和海洋温度,监视台风、强风、暴雨等灾害性天气的变化,从而为提高气象预报的及时性、准确性、可靠性和提前预知灾害性气象的出现以及长期预报提供了科学根据。

地球资源卫星上装有高分辨率电视摄像机、多光谱扫描仪、微波辐射仪和其他遥感仪器，可用来完成多种任务：一是勘测资源，不仅可以勘测地球表面的森林、水力和海洋资源，还可以调查地下矿藏和地下水源；二是监视地球，可以观察农作物长势，估计农作物产量，监视农作物的病虫害，还可以发现森林火灾，预警火山爆发，预测预报地震，监测环境污染，大面积调查污染的来源与分布、污染程度、天气和季节对污染的影响以及污染的昼夜变化；三是地理测量，拍摄各种目标的照片并绘制地质图、地貌图、水文图、云图等各种地图。1972年7月，美国发射世界上第一颗地球资源卫星"陆地卫星-1"，至1982年已发射到"陆地卫星-4"，成为发展地球资源卫星最有成效的国家。据估计，发射一颗地球资源卫星，平均每年费用2 000万—5 000万美元，但就它上述的几项应用，每年便可得益10亿美元以上。

此外，还有监视对方军舰的海洋监视卫星、侦察核爆炸的核爆炸探测卫星及为潜艇、船只和飞机提供导航的导航卫星等。

随着人造卫星技术的成熟，人们更希望利用人造卫星代替人类的眼睛，去其他天体上看一看。目前人类已经对月球、水星、火星、土星发射

了人造卫星，这将使人类的空间探索大大进步，从而帮助人类探索宇宙，开辟新的家园。

## 卫星相撞

2009年2月10日，美国铱卫星公司的"铱33"通信卫星与俄罗斯已报废的"宇宙2251"军用通信卫星在太空相撞。俄罗斯航天专家说，俄美卫星相撞产生的碎片可能波及苏联时期携带核反应堆的老化卫星，从而可能导致太空中产生放射性碎片带。美俄卫星相撞产生的成千上万块碎片，有可能残留在太空长达1万年，对其他卫星构成长久威胁。美俄卫星相撞事件引发了人们对"外太空交通安全"的担忧，有媒体惊呼，难道卫星相撞的时代已经来临，外太空"交通安全"已提上议事日程？德国《明镜》称，"太空正在迅速成为一个拥挤的空间"。路透社援引卫星轨道专家的话警告说，如果政府和商业卫星运营商数据分享模式不发生重大变化，卫星相撞事件将不会是最后一次。美国空军太空分析中心的首席主任凯勒舍说："50多年来才发生卫星相撞事故，并不意味着下次卫星相撞事件也需要50年。"他说，如果现有数据不共享的话，相撞事件还会频发。英国《泰晤士报》也认为，世界各国需要对"太空交通"进行管理。文章分析说，在太空，没有人会告诉你在哪里放置卫星。可见，各国在发展人造卫星技术的同时，还要紧密联系合作以避免相撞事件的再次发生，同时太空垃圾的清理已经成为摆在人们面前迫切需要解决的问题。